国外国防技术转移概览

卢慧玲　杨晓云　李　锴　庄　严　秘　倩　编著
徐　菲　杨广华　易炯意　刘志强
申育娟　籍润泽　徐　炎　王　旭　参编
王　莹　张　瑜　丰晓艳　胡志明

国防工業出版社
·北京·

内容简介

本书以国防技术转移为主题，系统地介绍了以美国为代表的军事强国在国防技术转移方面采取的举措，包括政策法规、管理体系、管理机构、专项计划、转移方式、转移平台等，并以典型案例的形式介绍了国防技术转移的实践，从而窥见国外国防技术转移在国防科技和民用科技方面发挥的作用。

本书可供从事科技成果转化研究和实践工作的人员参考。

图书在版编目（CIP）数据

国外国防技术转移概览 / 卢慧玲等编著 . -- 北京 : 国防工业出版社, 2025. 3. -- ISBN 978-7-118-13530-5

Ⅰ. E115

中国国家版本馆 CIP 数据核字第 20257UQ661 号

※

国防工业出版社出版发行

（北京市海淀区紫竹院南路 23 号　邮政编码 100048）

天津嘉恒印务有限公司印刷

新华书店经售

*

开本 710×1000　1/16　**印张** 10½　**字数** 190 千字

2025 年 3 月第 1 版第 1 次印刷　**印数** 1—2000 册　**定价** 78.00 元

国防书店：（010）88540777　　书店传真：（010）88540776

发行业务：（010）88540717　　发行传真：（010）88540762

前　言

习近平总书记指出：“当今全球科技革命发展的主要特征是从‘科学’到‘技术’的转化，基本要求是重大基础研究成果产业化。”科学技术是衡量一个国家创新能力的重要指标，科学技术的转化是新技术广泛应用和再创新的过程，一定程度上决定了科技创新活动的成败。纵观世界军事历史，武器装备的每一次跨越式发展都是重大技术的推动，科学技术向国防领域的转移、转化和应用的结果。只有将科学技术创新与武器装备发展紧密结合，科学技术发展才有了动力和载体，而武器装备的发展也有了源头活水。

第二次世界大战以前，由于战争的需要，各国军用技术领先于民用领域；第二次世界大战后，为了拉动经济，各军事强国采用“以军带民”的做法，强调将军用技术应用于民用领域，促进社会经济的快速发展；进入 21 世纪，科学技术在社会经济和武器装备发展中起到了举足轻重的作用，成为国家综合实力的重要组成部分，是国家竞争力的重要体现，为此，各国加大了对科学技术的投入，并将科学技术的转移、转化和应用作为科技管理的核心内容。分析国外在国防技术转移中的实践，有利于认识国防技术转移的本质和规律，为国防技术转移方面的战略决策和具体实践提供借鉴参考。

本书共分为九章。第一章主要阐述本书的研究背景和相关的概念内涵。第二章梳理美、英、日、俄等国在国防技术转移方面采取的政策及其演变历史。第三章介绍美、英、日、俄等国在国家和军队两个层面所制定的与国防技术转移相关的法律法规。第四章介绍美、英、日、俄等国在国防技术转移领域的管理体系。第五章介绍美、英、日、俄等国中开展国防技术转移活动的机构。第六章介绍美、英、日、俄等国为促进国防技术转移专门设置的专项计划。第七章介绍各国国防技术转移方式。第八章介绍美、英、日、俄等国为国防技术转移活动而专门搭建的平台。第九章介绍美、英、日、俄等国国防技术转移领域的典型案例。

在本书编写过程中，编者收集、参阅了大量的文献资料，并在书中加以标注，期间得到了相关单位和专家的大力支持与帮助，在此一并表示衷心的感谢。

由于编者的学识和水平有限，缺点和错误在所难免，恳请广大读者和同行批评指正。

目　　录

第一章　概　　述

第一节　研究背景

战争是政治、军事、经济、科技、外交等各个领域的较量，其中科技是形成先进武器装备的奠基石，是战争获取胜利的重要物质基础。战争催生国防技术快速迭代，国防技术反过来促进战争样式的不断发展，可以说，科学和技术在为作战人员和其他终端用户提供能力方面发挥着关键作用。但是，囿于信息传递、知识产权权利转移、技术转化成果收益等问题，技术转化形成产品不仅是一个漫长的过程，还涉及很多主体的利益，需要多种机制进行协调，以使创新、研究和技术跨越“死亡之谷”走向应用领域，而不是一直留在实验室或档案室中。

第二次世界大战以前，人类在不自觉中将先进的前沿技术应用于武器装备的研制，而国防领域领先的技术也会通过各种渠道应用于社会经济的发展。但是这种行为没有政府的介入和引导，发展较为缓慢。1945 年，美国联合研究开发委员会主席、“二十世纪美国科技总工程师”、时任白宫科技办公室主任范内瓦·布什向美国罗斯福总统提交了一份报告《科学：无尽的前沿》，指出政府必须不断为科学研究成果的创造和应用提供资金支持，加强技术和知识的积累，促进工业和国家经济的持久发展。

这是当代科技成果转化问题的开端，对美国战后科技成果政策产生了持久的影响。这份报告还对美国的科学政策进行了战略设计，首次出现了“技术转移”这一概念，提出了“政府-产业-学术界”合作关系的政策框架，形成以政府资助为依托、大学基础研究为创新推力、产业研发为经济增长点的协作关系①，这种合作模式成为后续各国技术转移的典范。

第二次世界大战以后，不论是发达国家，还是发展中国家，都非常重视国防科学技术的发展，对于如何促进科学技术转化为产品或商品的技术转移也十分重视，纷纷根据本国的军事发展需求和军内外技术发展能力，通过政府和国

① 谷贤林，李乐平．美国《无尽的前沿法》议案解析［J］．世界教育信息，2022（4）：19-26.

防部通力合作、顶层筹划，制定了政策法规体系、完善了组织管理体系、设立了专项技术转化计划①，鼓励国防技术形成产品并向武器装备领域转化，大大促进了国防领域科学技术的进步和武器装备的创新发展，提升了军事实力。

进入21世纪，军事科技领域的竞争尤为激烈，成为国际竞争的重要组成部分，军事科技的创新跑出了新的加速度，各国都在前沿性、颠覆性的技术领域投入了大量的资金、人力和资源，以争取在未来的战争中占据技术优势，甚至实现技术突袭。在此过程中，如何将先进技术应用于武器装备建设中是能否夺取战争胜利的关键之一，因此，国防技术转移成为焦点，这也是本书的出发点和落脚点。本书拟对世界军事发达国家在国防技术转移方面的做法进行梳理、分析和研究，包括技术转移政策、法律法规、管理体系、专业机构、专项计划、转移方式、转移平台等，为科学制定国防技术转移政策制度、有效实施国防技术转移计划、努力促进国防技术转移转化、加强武器装备现代化发展提供重要的决策支持。

第二节 相关概念

美国政府将财政资金资助形成成果的转移转化称为“联邦技术转移”，并将其定义为：从联邦实验室获得理念和发明，使得用纳税人的钱所开发的技术尽可能快地进入市场②。根据美国国会图书馆收藏资料《技术转移：政府实验室和联邦资助研发的利用》一文所述，当政府与大学、公司、非营利组织等共享技能、知识、技术、制造方法、制造样品、设施，使联邦实验室研发的技术成果走向更大范围的使用者，并进一步研发形成新的产品、过程、应用、材料或服务时，联邦技术转移就发生了③。数十年来，大家对于技术转移转化的内涵表述不尽相同，但是上述这两个定义完整表达了技术转移转化的目的、参与主体、方式方法和结果，其他对于技术转移转化概念的表述基本都围绕上述这些方面，只是侧重点不同。美国联邦立法将联邦实验室内的技术转移办公室称为“研究和技术应用办公室（Office of Research and Technology Application, ORTA）”，这一定位强调技术转移的目的是将研发的技术应用于产品开发，使

---

① 1958年，美国国家航空航天局（NASA）根据1958年《国家航天法》启动了第一个正式的联邦技术转移计划，以促进航天技术的转移应用.

② US Geological SurveTechnology Transfer Handbook for the US Geological Survey [R]. USA, 2003.

③ The Library of Congress. Technology Transfer: The use of government laboratories and federally funded research and development [EB/OL]_[2017-06-10]. https://www.1oc.gov/rr/scitech/tracer-bullets/techtrantb.html.

实验室的技术真正发挥作用，跨越技术到应用的鸿沟。美国空军负责技术转移的办公室也称为“空军研究与技术应用办公室”。然而，美国国防部指示5535.08《国防部技术转移计划》分别使用“Technology Transfer（T2）”“Technology Transfer Office（TTO）”表示“技术转移”和“技术转移办公室”，美国空军研究实验室负责技术转移的办公室称为“技术转移与过渡（Technology Transfer and Transition，T3）办公室”，从字面上看，这一定位侧重于技术从一位所有权人手中转移到另一位所有权人手中、从一个领域转移到另一个领域的动态过程，也就是说，同时强调技术的所有权转变和技术的状态变化，即从技术状态转变为产品等实体的状态，美国联邦合同也采用这种表述。

根据美国国防部指示5535.08《国防部技术转移计划》，技术转移（Technology Transfer，T2）是指用于军事和非军事系统间，研究专利、专业知识、专业技术、设施、设备和其他可应用资源的交流（共享）。主要涉及以下3个方面。

（1）用于美国国防部技术演示的衍生活动，例如，演示已经开发或目前正在开发的技术（主要服务于美国安全目的）的商业可行性，这些活动（包括技术转让）的主要目的是提高当前国防部拥有或开发的技术及技术基础设施的利用率，使其能够用于更广泛的国防部以外的领域，即所谓的国防转民用活动。

（2）将关键技术引入军事系统的过程，以提供作战人员执行指定任务所需数量和质量的有效武器及支持系统，技术从实验室发展到采办项目，最后发展到最终用户，可能会经历几次“转移”，主要目的是演示美国国防部以外系统开发技术的安全效用，旨在将创新技术纳入军事系统，通过从更大的工业基地采购、利用规模经济或以较低的采购成本来满足任务需求，即所谓的民用转国防的活动。

（3）军民两用科学技术和其他研发的国防与非国防领域都能采用的技术活动，即所谓的“军民两用”技术。

可以看出，美国国防技术转移包括国防技术向民用领域转移、民用领域向军用领域转移两个主要方向，鼓励开发军民两用技术，强调国防和经济建设的融合发展。

通常，技术转移和技术转化容易混淆，有些场合也通用。根据美国国防部（DOD）、美国政府问责办公室（GAO）等发布的有关报告，国防技术转化通常指在美国国防部相关项目的资助下，通过识别科技界的先进技术，将其进一步研究、开发、测试、评估，快速过渡到采办项目或其他军事用户的过程[①]，例如，把预研成果转化到装备研制和作战部署阶段，形成装备和产品，两者之间主要通过技术成熟度来区分，技术成熟度5级及以下为预研成果，属于技术线，而技术成熟度在5级以上的可能走产品和装备线，两者之间存在差距，需要成果转化这个“桥梁”，帮助预研成果跨越“死亡之谷”，进入应用阶段。技术转移通常是在技术研发成功后、形成产品或用于产品之前，也就是研发出的技术需要经过技术转移这个过程才能形成产品，这也是技术研发的落脚点。美国国防部同等看重国防技术转移与技术转化，但是从实际工作看，美国国防部更加重视国防技术转化，尤其是技术能力快速进入装备、形成能力的转化工作，这主要是因为技术转移在技术转化之前不能像技术转化那样快速形成“看得见、摸得着”的成果。需要注意的是，国防技术转移和技术转化不能割裂开来，技术转移通常比技术转化更靠近技术研发的前端，为技术转化做更坚实的技术储备工作。

从我国国内技术转移法律法规看，国内对“技术转移”核心概念的理解是一致的，以《国家技术转移示范机构管理办法》为基础，进行各种延伸和诠释。《国家技术转移示范机构管理办法》将技术转移定义为：“制造某种产品、应用某种工艺或提供某种服务的系统知识，通过各种途径从技术供给方向技术需求方转移的过程。”也就是说，产品、工业或服务中的技术从一个主体转移给另一个主体。《深圳经济特区技术转移条例》在此基础上明确了技术转移的内容和方式，“本条例所称技术转移，是指将制造某种产品、应用某种工艺或者提供某种服务的系统知识从技术供给方向技术需求方转移，包括科技成果、信息、能力（统称技术成果）的转让、移植、引进、运用、交流和推广”。其中，“技术转让合同是合法拥有技术的权利人，将现有特定的专利、专利申请、技术秘密的相关权利让与他人所订立的合同”（《中华人民共和国民法典》），即将技术转让分为专利权转让、专利申请权转让、技术秘密转让3种；“技术许可合同是合法拥有技术的权利人，将现有特定的专利、技术秘密的相关权利许可他人实施、使用所订立的合同”（《中华人民共和国民法典》）；技术移植是指将一个领域的技术原理、研究方法或研究成果引进到另一个领域，或者同一领域的其他研究对象上，用以生成新的产物或者改进原有产物，这是科学技术的跨领域应用[②]；技术引进通常指一个国家从另一个国家获得先

① 燕志琴，刘瑜，杨超，等．美国国防部技术转化计划的管理及启示［J］．科技导报，2021（22）：19-27.

② 吴寿仁．国内各类文件对技术转移定义的解析［EB/OL］．https://www.1633.com/article/67754.html.

进、适用的技术的行为；技术运用是指将现有技术运用到生产、生活中；技术交流是指技术信息的共享；技术推广是指开展技术普及与应用的活动，主要方式包括试验、示范、培训、指导以及咨询服务等。可以看出，技术转移实现的途径是技术转让或许可；技术转移应用场景是技术的移植、技术的引进和技术的运用；技术交流是一种实现技术转移的保障措施，通过技术交流为技术供需方获取技术信息提供了一个桥梁；技术推广是通过知识收费的形式实现了技术信息或技能的转移。因此，在我国，技术转移被称为科技成果转化，是指产品、工艺或者服务等技术成果、信息、知识、能力从一个主体以某种形式转移到另一个主体，转移方向包括两个国家之间的技术转移、技术生成部门（研究机构）向使用部门（企业和商业经营部门）转移、使用部门之间转移①，技术转移的形式包括转让、许可、移植、运用、交流和推广普及等。

结合国内外对于技术转移的理解和定义，技术转移实质上是围绕技术形成的物、信息、知识和权利等要素从一个主体转移到另一个主体的过程，其目的是促进科学技术成果形成产品，产生经济效益，转化为生产力；在国防领域，就是形成装备或促进装备建设，产生军事效益，形成战斗力。

① 卜昕，等．美国大学技术转移简介［M］．西安：西安电子科技大学出版社，2014.

第二章　国外国防技术转移政策

本章将对国外政府和国防部在为促进国防技术转移方面出台的政策进行系统梳理和深入总结。

第一节　美国国防技术转移政策

美国政府认为，“今天享有的技术优势和军事实力是过去几十年向国防基础科研大量投入的结果，未来国家安全离不开强大的研发基础”；斯坦福大学戈尔迪安·诺特国家安全创新中心专家指出，综合运用传统武器以及快速获取、部署并整合无人机、卫星、定位软件等商业技术的能力，是赢得未来战争的关键。由此可见，除了美国政府在国防基础科研的投入外，商业技术的引入是促进美国国防和军事实力提高的重要因素，同时，将国防技术转移到民用领域，也提高了技术研发人员和组织的积极性，便于使有限的资源发挥最大效能。

一、军民融合战略为国防技术转移提供了战略遵循

在美国国防技术转移中，军民融合战略发挥了重要的作用，为国防技术转民用、民用技术转国防领域、军民两用技术发展、国际科技合作等提供了战略遵循。冷战前及冷战时期，美国实行“先军后民、以军带民”的政策，导致国防工业和民用工业资源重复配置，国防科研经费投入量大，但是回报率低，如国防研发费用占政府科研经费的 70%，但是所创造的价值却仅占 GDP 的 6%。20 世纪 70 年代，美国政府意识到军用技术可以给社会和经济带来更多效益，为此曾动员数百名科学家积极研究军用技术如何转为民用，并组织建立了 180 多家大型研发实验室参与的联邦实验室技术转移联合组织，努力促使实验室技术转移转化至民用领域，然而，这项努力并未取得预想的结果。

冷战结束以后，美国国家战略重点从军事竞争转向经济建设，大幅削减国防开支，同时强调冷战时期获得的先进国防技术如何直接或间接应用于经济建设，提高国防技术效益，促进经济快速发展，因此，以美国为代表的军事大国强调在武器装备研发中采用先进民用技术，提高采办效益。1993 年 2 月，克

林顿总统签署了新科技战略，旨在提高美国经济竞争力，其中强调科技发展必须兼顾经济需求和国防需求，这也是军民技术一体化的雏形。1994 年，美国国会技术评估局（Office of Technology Assessment）撰写了研究报告《军民一体化的潜力评估》（*Assessing the Potential for Civil-Military Integration*），首次提出“军民融合”概念，要求将国防科技工业基础同更大的民用科技工业基础有机结合起来，以构建一个全面、综合、统一的国家科技工业体系[①]。进入 21 世纪，民用技术呈现爆炸式发展，在很多领域超越了国防领域，因此，美国强调要利用民用高新技术，将其引入国防领域，实现国防科技跨越式发展，即所谓的民用技术转国防领域和军民两用技术的发展。

国防技术转民用领域是指军工产品生产转为民用生产，其中涉及产能和技术两个方面的转移。在初期，军工企业需要进行企业战略调整和经营方向的改变，为了促进企业加快进程、减少压力，1998 年克林顿总统宣布实行“军转民”5 年计划，即 5 年内拨款约 200 亿美元给军工企业，用于企业培训人员、开发两用技术和开展技术转让等工作。可以看出，企业开展军转民工作，一方面是根据经营情况对业务进行调整，另一方面是政府给予经费支持，大力推动军工产能与技术向民用领域转化。

二、法律法规为国防技术转移提供了基本依据

美国高度重视引入前沿商业技术，以谋求获取军事竞争优势。根据《美国法典》第 10 编第 2501 节（参考文献（e））中制定的国家安全目标，美国国内技术转让活动是国防部执行国防部国家安全任务的组成部分，同时也提高了美国公民的经济、环境和社会福利。另外，技术转让活动有利于支持美国建立强大的国防工业基础，以满足国防部的需求。这些活动必须在国防部所有采办项目中具有高度优先地位，并将其作为国防部实验室及其他所有可能利用或有助于国内技术转让的国防部活动（如测试、后勤、产品中心、仓库和弹药）的一项关键内容。

1984 年，美国政府颁发了《联邦采办条例》，替代了《武装部队采购条例》和《联邦采购条例》，也就是从制度上统一了民用领域和国防领域的采购工作，构建了一致的话语体系和操作流程，减少了国防领域和民用领域相互转移转化中存在的隔阂。

2012 年 10 月，美国国防部技术转移工作组拟制发布了《2013—2017 未来

---

① 胡正洋，赵炳楠．一文看懂美国军民融合发展历程及经验［EB/OL］．https://www.douban.com/group/topic/129412082/?_i=0311920yJQeo6v,2018-12-11 09:05:27．

五年国防部技术转移战略与行动规划》，以推动国防科研技术成果持续转化。该规划围绕军民一体化中技术转移与协同创新等主题制定了目标、提出了措施，并为未来5年的技术转移活动进行了长远规划和顶层筹划，包括完善相关政策、优化管理机制、加强科研人员培训、推广先进科学知识等①。该规划确定了三大技术转移转化改进的重点措施。

（1）全面、详细地调查技术转移的最佳案例和实践。

（2）提升环境，方便公众获取美国国防部实验室资源。

（3）加强国防科研机构与地方和区域等机构的紧密联系。

三、政策制度为国防技术转移活动提供了法治保障

美国立足强化竞争力，注重通过机制优化释放创新活力，谋求构建“军方主导，军民商盟协同”的国防科技创新生态体系。美军以军事需求为牵引，广泛聚集各类机构设立研发合作组织，推动特定领域的技术发展，加强国防科技合作网络建设，培育更有活力的创新生态系统，拓展内部公私伙伴关系，加大与商业公司的联系，推动商业技术为军所用。例如，美国陆军建成以未来司令部总部所在地得克萨斯大学为核心，以分区域部署的高校技术研究中心为骨干的协同创新力量布局，美国陆军司令部将办公地点部署于奥斯汀市得克萨斯大学，2018年美国陆军研究实验室发起“开放园区”计划，依托洛杉矶等高校组建4个技术研究中心，对下联系区域内多所高校和企业，同时，美国陆军致力于打造由军方主导、多方创新主体参与的合作研究/技术联盟。

建立线上线下结合的学术交流机制。线上层面，美国陆军开设“所有合作伙伴访问网络”社区，依托在线博客每月举办线上演讲，吸引各方分享创新创意，提供军事问题解决方案；线下层面，美国陆军自2015年重启“疯狂科学家倡议”，当前已围绕人工智能等领域组织10余次主题会议，大多与地方高校联合举办。

加大对小企业投入，支持原型构建和产品规模化生产；加大与社会资本结合，促进更多关键技术的发展。

2022年2月，美国国防部发布《竞争时代研究与工程副部长的技术愿景》，提出了14项关键技术，其中有10项与商业技术有关。同年，美国国防部副部长领衔设立创新指导小组，由国防部长办公室及其直属创新机构、作战司令部和各军种代表等组成。2023年1月，创新指导小组组织建立了一种机

① 吕景舜，赵中华，李志阳．国外军民协同创新与技术转移措施研究［J］．卫星应用，2016（7）：26-32.

制，旨在把小企业创新研究成果转化为计划项目。

2022 年 10 月，美国发布《国防战略》，强调“技术优势一直是军事优势的基础”“各种快速发展的新技术与应用正在使对抗升级、态势复杂化，并对战略稳定构成新挑战”，要求持续加强关键技术领域投资、优化国防创新生态系统。

2022 年，美国国防部组建由全美学术界和小企业研究机构参与的“微电子共同体”，旨在降低微电子技术研发门槛、推动技术领域发展。各军种积极与大学、工业部门组建卓越中心、附属研究中心等开展联合科研和攻关，采取技术竞赛等方式满足军事战备对前沿技术的需求，吸纳社会资本来推进技术研发。

2022 年 12 月 1 日，美国国防部设立战略资本办公室，仿照风投公司模式，通过“战略资本基金”，引导社会资本投入国防科技研发活动，为面临财政困难的小企业和初创企业提供资助，将好的创意和技术应用到军事领域；国防部和小企业管理局联合启动“小企业投资公司关键技术”计划，调整、扩大公共和私人资本，推进国防科技研发。

2023 年 4 月，国防部将国防创新小组提升为由国防部长直接管理，推动其更好地发挥与非传统企业对接的“桥梁”作用。国防创新小组设立国家安全创新资本项目，重点投资扶持军民两用硬件产品初创企业，加快相关应用技术发展。空军成立“空军工场”，构建全球空军基地与非传统企业交流合作网络，已与 2200 多家公司进行合作，其中 70% 为“新手”。海军成立敏捷办公室，建成 16 个本土和 2 个海外（伦敦、日本）“技术桥”，借助地方小企业、科研机构的学术资源、资本及政府大力支持，形成并保持覆盖面更广的创新生态体系。

2023 年 3 月 13 日，美国国防部发布 2024 财年国防预算文件，其中国防部聚焦渐进式能力提升，采用更具包容性的采办策略，提前布局未来潜在关键技术，如战略资本办公室申请 0. 99 亿美元，通过更大范围内吸引和扩大国防供应链关键技术投资，强化国防生态系统竞争优势。

2023 年 7 月 18 日，美国国防创新委员会召开 2023 年夏季会。国防部长奥斯汀强调要通过与商业技术部门、学术界合作，利用盟友创新生态系统，建立持久的技术优势，应对 21 世纪美军面临的挑战。会议发布了《治理“死亡之谷”》的报告。此报告认为，过去 10 年，美国国防部通过组织体制改革，如成立国防创新小组、“空军工场”等，在促进商业创新技术从研发向国防采办转化方面取得了一些进展，但没能形成统一、透明的规范化流程，迫切需要进行深度改革，彻底解决“死亡之谷”问题。

四、先进民用技术是国防科技竞争力提高的动力源泉

美军认为，在推进竞争的过程中，自身创新动力不足、科技发展乏力，其中一个原因是很多领域民用和商业技术发展已领先军用技术，美军未能充分吸收商业力量形成创新合力，鉴于此，2019 财年和 2022 财年《国防授权法案》要求国防部制定《国防科技战略》，统筹国内外、军地力量，保持全球领导地位。2023 年 5 月 9 日，针对面临的三方面挑战，美国国防部发布了 2023 版《国防科技战略》[①]，其中一个挑战是：军民两用技术快速突破和转化，改变了传统的国防科技创新源头和获取途径，国防部必须积极主动地与私有部门交往，及早发展和保护关键与新兴技术，改革阻碍与私营创新公司合作的旧程序，弥补国防创新采办中的“死亡之谷”，快速大规模形成和部署能力，培养更具活力的国防创新生态系统，加快新技术向战场转化，进一步突出国防科技发展整体布局，充分运用“互利联盟和伙伴关系”提升开放创新能力，强化国防科技创新条件保障，突出新兴技术向战斗力的快速转化运用，强调为支持军事创新量身定制有效的技术保护，谋求强有力的科技支撑。这是 2000 年以来美国公开发布的第 2 版《国防科技战略》，其中一个重要的部分是要求快速、大规模的创造和部署能力，增强竞争优势，在技术转移方面，建议采取的举措包括：建立吸纳两用技术、私人资本的新途径，通过国防部战略投资与私人资本相结合加大投入，解决全供应链技术投资不足问题；强化非传统伙伴关系，挖掘小企业创新潜力，及时发现新兴技术，通过原型制造与试验快速形成能力，增加美军获得关键技术的机会，推动向军用转化；优化研发与采办、用户部门的对接机制，畅通转化渠道，使各项目提出的联合解决方案向采办转化；建强技术转化能力，将科研管理的重点放到各阶段技术转化上，调整优化资源投入，推进最具作战价值的技术从原型向产品转化，并提前做好生产和采办准备；利用“创新生态系统”，推动学术界、联邦资助的研究和开发中心、高校及其附属研究中心、国防部实验室、国家实验室、非盈利实体、商业部门以及其他政府部门和机构之间的多方互动交流和沟通，共同促进关键技术研发，提高核心业务透明度[②]。

---

① Courtney Albon. Pentagon strategy urges faster tech transition, more collaboration. https://www.defensenews.com/battlefield-tech/2023/05/09/pentagon-strategy-urges-faster-tech-transition-more-collaboration/, 2023-05-09; United States Department of Defense. National Defense Science&Technology Strategy, 2023.

② 林源．美发布新版“国防科技战略”［EB/OL］．https://www.163.com/dy/article/I5B5312F0511DV4H.html, 2023-05-22.

美国国防部正在联合传统供应商和研究中心发展武器系统与作战概念，但尚未对商业技术和私人投资进行大规模整合。为此，专家表示，国防部必须制定相关战略并重新调整组织结构，加速整合外部资源，建议从5个方面实施改革：一是创建新型国防生态系统，借助商业创新和私人投资力量，加速研发先进技术和集成复杂系统；二是重组国防部研究与工程部门，设立负责管理商业创新和私人投资的国防部副部长职务；三是扩大新战略资本办公室和国防创新部门的规模，并成为整合商业技术的领导机构；四是重组国防部采办与保障部门，便于将国防预算和设施资源平均分配给传统军工企业和初创新兴企业；五是协同盟友力量，将国家安全创新基地扩至其中，积极从中获取商业技术。

美国将国防科技成果转化应用作为"战略工程"，以战略顶层指导牵引带动机制创新，营造"研发-采办-工业-实践"跨部门协调紧密合作态势，致力跨越新兴技术与作战能力生成之间的"死亡之谷"。一是设立专项计划推动技术转化应用。国防部研究与工程副部长办公室针对不同成熟度的技术和用户部门，实施联合能力技术演示验证、新兴能力技术开发等多个技术转化计划，平均转化率达到80%，为美军提升新质作战能力提供了重要支撑。海军实施快速创新基金计划，支持海军海上系统司令部战术创新实验室与海军航空兵、海军陆战队、陆军研究实验室和多家企业开展合作，联合研发和演示验证冷喷涂技术，并促进冷喷涂技术应用于装备维修，提升部队作战能力。二是作战实验验证推动技术转化应用。美军将作战实验作为推进关键新兴技术作战应用的重要手段。2021年，国防部设立"快速国防实验储备"计划，通过集中原型设计和快速原型实验工作来加快国防先进技术转化，为每个项目量身定制成果转化计划。2023年6月，美国国防部研究与工程副部长办公室成果完成"快速国防实验储备"计划首次实验活动，为未来作战概念开发、加速先进技术实战应用提供支撑和保障。美国国防部还启动"多域实验示范场所"建设，开展集作战概念、新兴技术、原型系统、试验部队于一体的综合实验，持续迭代进行新技术实验评估，打造新兴技术军事应用的"实验田"和"快车道"。三是加快推动商业技术的转化运用。国防创新小组通过其他交易协议、沉浸式商业采办计划等方式，推动国防部与尖端科技企业之间的合作和技术转化，2016—2022年收到5060份提案，授出49亿美元的生产合同、12亿美元的原型合同，52个原型项目成功转入后续采购阶段。海军实验室技术转移办公室与美国规模最大的创业孵化器签署了一份战略协议，以促进实验室技术的转型和应用，为军事行业带来更多的发展机遇。2021年，美国国防部启动"通过非传统途径开发原型样机"计划，寻求利用商业领域在信息技术、微电子等领域的创新成果，通过快速原型化提升军事能力。美国国防部通过“2021 年全球需求声明”，面向全球征求关键技术“高度创新”、具备一定成熟度的颠覆性技术，计划在 2028 年前填补关键的联合能力短板。

五、多管齐下促进私人投资加入国防科技研发

2023 年 4 月 18 日，美国智库战略与国际问题研究中心发布《打赢下一场战争的七项关键技术》[①]，其中建议美国政府大力支持商业公司开展“跟进”技术研究（天基技术、高性能电池、人工智能/机器学习、机器人技术），因为这 4 个领域的私人投资强劲，美国政府可给予鼓励、培育和发出需求信号，鼓励工业界在“跟进”技术领域沿着既定方向前进，对商用现货技术进行适应性改进以满足政府需求，并按照发展优先程度对这些技术领域进行排序，以获得最需要的核心能力，而美国政府在很大程度上跟随行业创新，并规范其商业行为以创造更有效的军民两用产品。针对当前美国政府获得创新成果的障碍，该报告指出，政府曾是拥有推动大规模创新资本和需求的唯一参与者，但现在私营部门实体拥有资金、人才和激励措施，而没有束缚联邦政府那些限制和规则，此外，大学以及国防部的非传统供应商正在关键领域引领创新，而政府的采购流程主要集中在征求建议书上，要求提供远期的定制产品，这种模式的采办合同给中小型企业带来风险。对此，在如何获得工业界的领先技术方面，该智库建议：对于天基传感器这种资金充足的行业，美国政府可以举办竞赛，如举办一场复杂的捉迷藏游戏竞赛，鼓励行业使用自动化来寻找美国军方或情报界在世界某处隐藏的物体；对于商用现货能满足 80%的军事需求的，美国政府可以从少数这类创新公司购买或承诺购买少量产品，鼓励这类公司投入资金开发满足 100%军事需求的产品；国防部和情报界应改革某些采办流程，不是购买完整的能力，而是向市场发出政府需求的信号，就像“国家安全创新资本”机制一样，帮助硬件初创企业以小额投资加速产品开发，或者向战略资本办公室尝试的采办模式，即向企业提供“耐心资本”（又称“有耐心的投资”）[②]，为某个技术项目提供多年资金。

2023 年 4 月 12 日，美国智库大西洋理事会国防创新能力运用委员会发布

① The Centre for Strategic and International Studies . Seven Critical Technologies for Winning the Next War, 2023, 04.

② 耐心资本的概念，即利益相关者/投资者愿意参与东道国发展的关系投资，旨在实现共赢。耐心资本所有者是类股权投资者，他们愿意长期将资金沉没在实体部门或未上市的基础设施项目——可达 10 年以上，他们愿意也有能力承担风险 .

了国防创新能力运用中期报告①，该报告呼吁美国必须应用来自国防及商业部门的前沿技术，以更快地向作战人员交付更有效的作战解决方案。在引入商业技术方面，该报告指出当前存在的问题：一是美军目前仍采用传统、繁复的需求及采办流程，很难适应当前先进技术的快速发展，特别是在许多关键技术由商业部门研发的情况下，其创新成果很难被国防部快速应用；二是由于采办周期漫长、监管要求复杂、企业合规成本过高等，许多初创公司、商业公司和国际公司不能或不愿进入国防生态系统，使国防供应商数量大幅减少，而供应商数量减少带来的竞争不充分又进一步造成采办成本上升和创新成果应用减少等问题；三是尽管当前大多数创新技术由商业部门开发，国防部仍资助大量国防研究机构，每年花费数十亿美元用于研发原型样机，但只有小部分转换为生产合同，成果转化率不高，而漫长的合同签约和自主周期、项目限制等问题，导致商业公司在将原型样机转化为产品时面临层层阻碍。针对上述问题，报告提出了以下建议举措。一是 5 个计划执行办公室②制订相关计划，确保大型项目可分解为模块化采办，利用通用平台和部件与服务，以及最大程度地利用商业解决方案和国防部研发成果。二是针对工业基础削弱、创新成果转化利用不足等挑战，国防部转变业务范式，提高国防创新小组的汇报层级，并为其提供必要的人员和资源，使初创公司、非传统供应商和资本市场主体参与到能力需求的协调中。一方面，国防创新小组、国防部采办与保障副部长和军种采办执行官应组建一个团队，简化商业解决方案采购的流程、评审和文件；另一方面，国防采办大学等机构应更新商业采办的指南和培训，增加在采办项目初期与传统及非传统公司部门合同、商业采办合同策略、快速交付等内容。三是国防部采取举措加强小企业创新研究计划，帮助计划项目跨越第二阶段（样机开发阶段）和第三阶段（商业化阶段）之间的“死亡之谷”。四是战略资本办公室为试点项目提供多种投资信贷方式，提高资本市场对国防相关企业的自主水平，增加跨越“死亡之谷”的企业数量和非传统承包商的生产合同数量，驱动更深的技术应用。五是国会、国防部长办公厅和军种采办执行官应加强对领先技术公司的激励，降低进入门槛、吸引风投公司和引入私人研发资金进入国防市场等，将初创公司和非传统国防承包商纳入国会批准的创新基金资助范围。六是国防部采办与保障副部长、军种采办执行官为小企业创新研究计划、

① Courtney Albon. Pentagon should expand Defense Innovation Unit’s role, experts say, https://www.defensenews.com/battlefield-tech/2023/04/12/pentagon-should-expand-defense-innovation-units-role-experts-say/, 2023-04-12.

② 5 个计划执行办公室包括陆军、海军、空军、特种作战司令部和一个国防部局.

其他交易、中间层采办等委派领导，以支持创新能力运用、简化流程、制定策略、更新政策和指南等。七是国防部和军种成立团队，制定和改进创新能力的运用流程，将研究成果和原型样机应用到现有或新的采办项目中。八是国防部采办与保障副部长以及采办执行官应提议调整现有的组织机构，采用太空发展局的快速采办模式，快速部署、规模化应用实验室和工业部门的现有技术。

第二节　英国国防技术转移政策

虽然英国已于2020年正式“脱欧”，但英国政府有关科技成果转化的政策制度在欧洲国家中依旧具有代表性和典型性。

一、20世纪的国防技术转移政策

20世纪，英国侧重军用技术转民用。20世纪80年代以来，英国政府制定出台了一系列促进科技成果转化的具体政策和法规，形成了由政府指导协调，企业与科研机构、大学合作开发的机制。1992年4月，英国政府中设立科学部长一职，且在内阁办公室设科学技术办公室，受到了各界的热烈欢迎。办公室运行后于1993年5月26日发布了《运用我们的潜力：科学、工程和技术战略》科技白皮书，其中明确的科技战略之一就是加强军用技术转民用，强调科学工程基地与工业间相互交流思想、技艺、诀窍和知识的重要性，要求在继续保持和发展英国杰出的科学技术能力的同时，采取一些步骤，通过工业、商业、科学家、工程师和政策制定者之间密切、系统的联系与意见交换，建立更好的科学、工程和企业间的伙伴关系，建立多种旨在促进技术转移的计划，最大限度地开发英国科学技术的潜力，提升英国的综合国力和实力，发挥科学技术在英国财富创造中的作用。

为此，英国政府部门采取了一系列保障措施，如政府通过联系计划和培训公司计划促进科学工程基地和工业间更密切的交流和接触，联系计划指导小组及其秘书处转入科学技术委员会，该委员会负责联系计划，1992年建立的法拉第中心旨在实现工业技术和技术人员在科学工程基地和工业之间的双方流动，面向工业的研究机构和科学工程地的伙伴关系，产品和工艺开发的关键研究和与工业有关的毕业生的培训；政府致力于与企业协会、商会联合，在英格兰和苏格兰建立综合服务组织，提供和改进面向企业，特别是小企业的服务，综合服务组织负责提供与创新有关的服务、科技信息和政府计划指南等。

1998年，英国政府发布《国防多种经营：充分利用国防技术》绿皮书，阐述了国防技术的重要性以及开发应用的多种方式，要求组建国防技术转移局，旨在通过科研技术成果的转移为本国工业界提供支持，以维持工业的健康发展，增强国际竞争力，从而更好地实现国家的军事需求，创造更多的社会财富。

二、21 世纪的国防技术转移政策

21 世纪，英国注重吸纳先进民用技术为军用。进入 21 世纪，特别是 2008 年国际金融危机发生以来，为了摆脱金融危机给英国经济和社会发展带来的不利影响，英国政府把加快科技成果转化、促进产业结构调整作为国家克服危机的重要措施和未来科技发展的战略步骤。1987 年政府发表的“民用研究和发展”文件中提出 10 年间削减国防研发的实际投入，1995—1996 年度的实际投入要比 1987—1988 年度少 1/5。到 2000 年，政府国防研发投入削减 1/3，至 2005 年，国防科研经费削减了 15%，其中在技术开发上的经费削减幅度要大于研究费用的削减。

英国国防部认为，要想推动军事技术和武器装备快速发展，必须加强与地方民营科研机构合作，通过多种方式激励具有技术优势的民营企业开发军民两用技术，弥补国防领域自身科学技术研发的不足。除了吸引军民两用技术开发主体地方工业部门和大学进入国防领域外，英国国防部于 2002—2006 年通过与私营科研机构共同投资的方式，组建了 4 个国防技术中心，从事军民两用技术的开发，涉及数据与信息融合、电磁遥感、自主式系统工程等领域①，进一步优化了资源配置，促进了军民两用技术的快速发展。同时，为了减少国家整体研发成本，国防部还采取了多种措施促进国防技术进入民用领域，发挥国防研发活动的最大效益，这些措施包括但不限于：将其国防科研成果应用于民用；在科研活动中大力开发其商业潜力；鼓励与民用工业界合作和双向使用军用技术，提高对国民经济发展的贡献；在政策制度上，国防研究费用分配采用竞争方式，民用工业部门可以参与竞争，改变过去将全部国防研究经费只拨给国防研究机构的政策②。

2001 年，英国国防部出台了《面向 21 世纪的国防科技和创新战略》（简称《国防技术战略》），旨在构建军民一体的国防科技创新体系，即有效利用国防部、政府部门、工业界和大学的研究力量，形成国防部与工业部门联合投

---

① 傅光平．以国际视野看军民融合发展Ⅱ［EB/OL］. https://www.sohu.com/a/308234468_760770.

② 王曾荣．英国 90 年代科学技术的新战略和政策［J］. 科技政策与管理，1993（11）：1-6.

资机制，激励多方投融资，多管齐下共同促进国防技术快速发展。2002 年，英国国防部出台《国防工业政策》白皮书，要求尽快建立军民结合的国防工业体系，以便更好地利用民间的先进科学和技术，支持国防部发展。2006 年 10 月 17 日，英国国防部发布《国防技术战略》（Defense Technology Strategy, DTS），从国家的层次和角度描绘了未来 20 年国防技术研究与开发（R&D）的需求和目标，并提出相应的举措，其中，时任英国国防采办大臣保罗·德雷森（Paul Drayson）表示，“国防部应从民用领域寻求更多的军用技术，这样可促使企业投资开发两用技术，因为即使可能，该技术可从军用市场获得的回报是有限的”。2010 年发布《国防采办改革战略》，强调采取措施推动民营企业参与国防工业建设。2011 年制定出台《促进增长的研究与创新战略》，强调企业要与科研机构加强联系，合作开展科研和新技术开发，要积极参与欧盟委员会提出的《“地平线 2020” 创新研究新计划》，将英国的科技资源与欧盟其他成员国的资源相融合，使英国的企业、科研机构的合作研究与技术创新的范围扩展到欧盟所有成员国之间，以构建高效运行的国家科技成果转化与创新体系，促使英国尽快恢复经济社会的常态发展，保持长久的繁荣局面。

2017 年 10 月，英国国防部发布 2017 年版《科学与技术战略》（Science and Technology Strategy 2017）报告，这是继 2001 年、2006 年、2012 年以来公开发布的第 4 版国防科技战略报告，提出了利用民用科技发展支撑国防科技创新的举措。报告指出，英国在量子技术、机器学习、材料和合成生物学等民用技术领域处于世界领先地位，但相比之下，诸多领域的国防科技研发效率和创新能力日益滞后于民用领域，国防部需要充分利用民用科技潜力，形成国防领域技术优势，主要途径：一是英国国防部将通过支持“国防创新冠军赛”、开展“国防创新基金”竞争、利用“国防与安全加速器”等，吸纳新兴民用供应商，并支持民用技术的国防应用；二是注重科技成果的转化应用，国防科技部门加强与国防装备与保障总署、军兵种等国防部内部相关机构的合作，使科技创新成果转化为国防能力①。

为了应对潜在对手在国防技术和武器装备领域的迅猛发展，加之研发新型国防装备的成本越来越高，英国国防部致力于向政府其他部门、工业界、学术界、非传统军工企业发布明确的国防技术创新需求，如 2019 年 8 月和 9 月，国防部先后发布《国防技术框架》和《国防创新重点》，明确需重点发展的国防技术组合或者创新合作重点，希望各界能够积极提供解决方案，并确定了七

① 程享明，冯云皓，蔡文君．英国国防部新版《科学与技术战略》报告评析［EB/OL］．https://www.sohu.com/a/307464147_802190 ,2019-04-11.

大技术群和九大应用领域，后者最有潜力带来能力变革，以推动科技成果快速转化应用并形成军事能力。

第三节 日本国防技术转移政策

一、20 世纪 90 年代前国防技术转移政策

20 世纪 90 年代前，日本采用“寓军于民”模式。第二次世界大战后，日本的军事实力受到法律的限制，其防务政策主要是依靠美国的军事保护，本国只能生产一些轻武器和军用物资，相应地，国防科技发展需求不大，实行“先民后军、以民为主”的战略，但是这并不说明日本没有发展其武器装备建设能力，相反，日本要求国内形成有潜力的军工生产体制，保证在紧急情况下民用工业能够迅速转产军品。虽然美国对日本实行军事保护，但是美国对日本也实行严格的技术转让，在此背景下，日本确立了“科技立国”方针，在大力发展经济和工业的基础上，立足采用民用技术，提高研究开发效率，成功将经济实力和科技实力转化为武器装备与军事实力。虽然日本没有建立独立完整的国防科研与生产体系，但是其“寓军于民”的模式使其国防发展长期根植于经济发展中，既发挥了军工产业对民用产业的“溢出”效益，也利用了民用技术对军工生产的“溢入”作用①，通过政府规划、法规政策、宏观调控，促进政府部门与企业界大力协调，实现了军用技术与民用技术的双向转移。

二、20 世纪 90 年代后国防技术转移政策

20 世纪 90 年代后，日本采用军民两用技术发展模式。此时，日本政府已经认识到，如果只提升技术开发等外围技术，整个国家的发展后劲将严重不足，必须努力推动基础性的、源头性的创新，并激励和支持那些刚刚起步的、处在萌芽阶段的、具有潜在市场前景的、具有较好竞争优势的高科技中小企业②。因为日本明白，发展军民两用技术是减少国家投资风险和降低武器装备成本的最好做法，并能够促进军工企业本身的稳定发展③。

从体制上看，日本的军民技术双向转移不存在体制性障碍，因为国防工业重大政策拟制和全国经济及国外贸易的管理调控，都是由日本经济产业省负

① 刘俊彪．“藏军于民”的日本国防工业发展模式［J］．军事文摘，2020（3）：53-57.

② 张晓东．日本大学及国立研究机构的技术转移［J］．中国发明与专利，2010，1：100-103.

③ 赵志耘．重视科技信息工作，促进军民深度融合［J］．情报工程，2017，4：5-15.

责。日本军工科研机构包括两大部分：军方军工机构和军工企业技术研究机构。为了促进两者研发的技术更好地相互使用，优化资源配置，日本政府加强了政策调控。其中，防卫省技术研究本部是军方军工机构的典型代表，居于国防技术研究与开发领域及军工生产行业的前列，不仅负责研究和开发国防及军事领域的预研或基础性技术，而且其研制的先进技术具备迅速转换到民品生产的能力，因此吸引了很多地方企业争先与其合作，如日本三菱重工、三菱电机、川崎重工、日本电气、三井造船等，这些企业与技术研究部以采购合同的形式进行合作；军工企业的技术研究机构拥有大量的军工企业科研院所，在有些领域的科研能力远远超过日本军方，拥有其独特的优势，技术开发中遵循的标准相同，军民通用性较强，平时用来生产汽车、空调、手机的技术，到了战时就能用来生产坦克、导弹、雷达等“战争利器”[①]。

从政策上看，2014 年 6 月，日本防卫省发布的《国防工业战略》中强调：“制造业是推动日本战后复兴的巨大原始动力，因此，日本应当充分利用国防工业所具备的生产能力和技术基础，迅速建立起具有一定规模的防卫力量，增加我国的潜在威慑力。”[②] 为了在非战争时期创建良好的安全环境、建设具有足够威慑能力的军事力量、具备在受到威胁时使损失降至最低的能力，2018 年 12 月 18 日，日本政府发布新版《防卫计划大纲》和与之配套的《2019—2023 年中期防卫力量整备计划》，要求灵活利用具有军用潜力的先进民用技术，以促进军事技术创新，获取技术优势[③]。

从科研体系看，为推动军用技术与民用技术的双向转移转化，推进军品科研生产深度融入到国家发展中，日本构建了“军、学、产”协同发展的科研体系。在该体系中，防卫省技术研究本部主要负责武器系统的技术调研、方案设计、研究开发、试验鉴定等，大学、独立行政法人等科研机构负责战略性和基础性的国防科研工作，民营企业类科研机构负责武器装备的研制生产，保证最新的民用技术成果快速应用于军用领域，确保武器装备科研开发顺利实施[④]。借助强大的民用技术成果和生产能力，日本的国防科技水平得到了显著提升。

从生产能力看，由于国防工业是高技术综合型产业，为了促进军工能力，要求在有效推进先进民用技术转军用、基于民用生产设备和技术构建国防工业

---

① 刘俊彪. “藏军于民” 的日本国防工业发展模式 [J]. 军事文摘，2020 (3)：53-57.

② 魏博宇. 日本国防工业发展特点 [J]. 现代军事，2016 (8)：104-108.

③ 奉薇. 日本发布新版国防顶层规划文件 [EB/OL]. https://mil.ifeng.com/c/7mriFppZzTl，2019-5-24，21：19：12.

④ 杜人淮. 日本国防工业发展的寓军于民策略 [J]. 东北亚经济研究，2020 (8)：46-55.

能力的同时，促进企业军用技术向民用产品转化，将军工生产设备用于民用生产，积极将国防产业相关成果转为民用，促进军用技术和民用技术不断相互转化，即推动“军转民”和“民转军”同步发展，以最优的经济效益整体推动日本国防工业能力的发展。例如，三菱重工中生产民品和军品的人员与设备是相同的；日本 F-2 战斗机研制中广泛使用了运动、休闲等领域使用的炭纤维材料[①]；为了补充国防投资的不足，日本独立设计和生产先进 90 型主战坦克的设备还可用于生产民用重型建筑设备。

从产品上看，日本国防产品的军民两用程度高，大部分军品都可以与民品相互转换，如日本民用工业中的车辆、发动机、造船、机械、电子、化学、光学、智能机器人等技术处于世界领先水平，并且很大程度上具备军民两用特征，这些产业的高新技术成果不仅可以被转换成实际的军工生产能力，而且军工产业的研发又可以带动工业技术，产生“军民互促”的联动效应。日本海上自卫队几乎所有的舰船都是由本国或以许可证形式设计制造的，在可能的情况下，大量使用低成本的军民两用技术代替军用标准的系统，如船体材料、推进系统、结构、计算机和电子系统[②]。在航空航天领域，日本将国防研究开发与生产经费的大部分投在飞机、导弹和空间应用上，与美国及其他西方国家不同，日本制造厂商没有明显的军民生产之分，完全融入日本的整个工业基础中，因此，做到了将先进的航空航天技术推广应用到非航空航天应用上，也可以将先进民用技术引入航空航天生产[③]；2010 年，日本防卫省召开“关于防卫省开发飞机的民用转移研讨会”，明确了军用航空技术转移转化到民用领域的行动方案；2011—2012 年，防卫省将自卫队 US-2 水上救援飞机作为首批军转民试点产品。在国际合作中，日本航空工业发展策略是尽量参与大型多国民用运输机、直升机和航空发动机开发项目，旨在减少风险、降低成本，提高基础与应用研究水平，增强市场竞争力，其中日本特别反对从国外直接采购产品，而是通过许可证生产形式达到先进技术转让的目的。

第四节　俄罗斯国防技术转移政策

俄罗斯的国防科技发展战略在冷战前后是有所区别的。冷战期间，为维持

---

① 田正，刘飞云．日本国防科技工业发展态势分析［J］．经济研究导刊，2022（16）：76-78.

② 明日．日本国防与两用技术研究开发（下）［J］．国防科技（北京），2001（5）：23-25.

③ 明日．日本国防与两用技术研究开发（中）［J］．国防科技（北京），2001（4）：24-26.

军事实力、在与美国的冷战中继续保持优势地位，苏联施行“以军为主”政策，将军事工业与民用工业分离，更加侧重于增强国防军事力量，并将大力发展武器装备研制能力、提升国防工业能力作为国家发展的重中之重，而逐年降低对民用工业的人力物力等资源的投入，导致国民经济比例长期严重失调，这种“以军为主”、集中力量发展国防工业的模式，确实使苏联军事实力不断提高，国防科技创新能力大大提升，但封闭的国防工业体系导致军事工业体系无法形成与民用工业的互动结合格局[①]，国防领域的高新科技很难向民用领域进行转化应用，使得国防技术很难带动民用工业的发展，而民用工业经济也因为这种发展模式的弊端不断走向衰落，这种牺牲民用经济的做法也成为其最后走向没落的原因之一，因为后期的军事争霸没有强大的工业和经济作为支撑，军事能力的发展难以为继[②]。

随着冷战的结束，俄罗斯联邦意识到军事工业与民间工业分离带来的严峻挑战，为了在经济状况不佳的情况下维持军工企业的生存与发展、保持军工技术优势[③]，开始通过改革积极推行军用技术转民用的策略，利用军工企业的优势产业、产品、技术和生产能力，促进国民经济发展，实行“军转民”，改变以往重军轻民发展模式。1992 年，俄罗斯工业科学技术部国防联合处副处长斯坦帕诺夫·瓦伦丁在东盟地区论坛军转民合作研讨会上发言指出，俄罗斯所承担国际义务性质发生变化造成武器和军需物资生产大幅缩减，如 1992 年以来，大约有 1500 家企业和机构在不同程度上开始实施军转民过程，从事民品项目的生产，形成新的市场，虽然这也需要投资，但是由于军工企业比其他部门具有更大的技术潜力，对工业生产过程创新的响应能力使其能够更经济和快捷地转变到为民用项目生产，这比新建项目投入少得多，事实证明，国防工业的民品生产部分为社会提供了超过 73 万个工作岗位，并实现了国防工业能力向生产具有竞争力民品的结构性转移。

自此，俄罗斯通过各种政策制度牵引国防技术向民用领域的转移。1992 年，俄罗斯联邦议会通过了《俄罗斯联邦国防工业军转民法》，依据此法，政府着手对军工企业和机构提供与军转民有关的支持，根据军工改革过程所确定的各项目标，把各种改革过程有机地结合起来，进而使军工生产系统的结构实现优化，同时对具有生命力的军工设施实施军转民，并对现有的制造潜力进行

---

① 顾伟. 俄罗斯军民融合法规建设的特点及启示 [J]. 军事经济研究，2014 (2)：55-58.

② 张兵. 国际军民融合发展模式研究及对中国的启示 [J]. 经济研究导刊，2020，13：186-189.

③ 冯德朝. 俄罗斯防务装备研发及采办管理体制改革 [J]. 船舶标准化与质量，2016 (6)：44-45，68.

升级，使其生产的产品在国内和国际市场上具有竞争力①。1993 年的《俄联邦军事学说基本原则》中明确提出，要根据国家和生产单位的利益，经常交流和共同分享军民两用技术②。1997 年，俄罗斯将国防工业中的“全面军转民”政策调整为“以武器出口促进军转民”，目的是进一步提高国防工业的科研生产能力和发展后劲，保持国防工业的订货量③。1998 年，俄罗斯实施了“1998—2000 年度国防工业军转民和重组联邦特别计划”，该计划确定了国防工业改革的主要目的、目标、阶段和方向，以及政府支持的范围和机制，其中政府提供给国防工业企业和机构的资金，用于支持军转民的项目包括：通过含利息贷款等方式，为指定的国防工业企业实施军转民计划支付预算经费；对指定的国防工业企业和机构进行的民品研发项目无偿提供预算经费。俄罗斯军事工业委员会副主席罗戈津不止一次强调要转变国防工业发展思路，加强“多样化经营”，从某种意义上说，这是俄罗斯“军转民”思想在国防工业企业中的体现，旨在提高军事工业的经济效益。在 2007 年的第八届莫斯科航展上，俄罗斯联邦总统普京亲自主持了“民用航空制造业发展问题”会议，彰显了俄罗斯自上而下对民用市场的厚望。对俄罗斯国防工业企业来说，“多样化经营”概念的核心是：不仅要保障国防订货，还要增大民品的生产力度，由传统的经营模式向商业模式转变，扩展资金来源渠道，积极开辟民用产品市场，以促进生产企业可持续发展④。

随着科学技术的发展，民用技术呈现出超过国防技术的趋势，如何利用先进民用技术发展武器装备成为大国军事实力增强的重要抓手。俄罗斯也不例外，为了实现确定的 2020 年军队武器装备现代化率达到 70%的目标，俄罗斯明确指出，需要强大的基础科研提供支撑，2012 年 12 月底，俄罗斯总统梅德韦杰夫签署 2538 号令，批准《俄联邦基础科研长期规划（2013—2020 年）》，支持国家科学院、国家主要科研机构、大学等从事基础研究，并提出 5 项主要工作，其中一项是“促进基础科研成果向应用转化”⑤。2014 年年底，俄罗斯

---

① 斯坦帕诺夫 · 瓦伦丁．俄罗斯国防工业的军转民、存在问题与展望-俄罗斯工业科学技术部国防联合处副处长斯坦帕诺夫 · 瓦伦丁在东盟地区论坛军转民合作研讨会上发言［J］．中国军转民，2000（8）：14-16.

② 刘忆宁，张永安，于海涛．俄罗斯国防科技与武器装备采办管理的几个问题［J］．外国军事学术，2003（9）：67-69.

③ 冯德朝．俄罗斯防务装备研发及采办管理体制改革［J］．船舶标准化与质量，2016（6）：44-45，68.

④ 张慧．浅析俄罗斯国防工业创新发展［EB/OL］．https://www.sohu.com/a/274217806_358040.

⑤ 吕强，梁栋国，赵月白．美国、欧盟、俄罗斯采取措施加强国防基础科研［J］．国防，2013（12）：73-75.

颁布了《工业政策法》，其中第四章为“国防工业系统中的工业政策特点”，在第21条第4款第8点中强调：“在涉及创新技术和军用、特种和两用高技术产品研究和开发等方面，要进一步发展小型和中型企业主体。”也就是说，在俄罗斯国内已经逐渐把很多非国家企业的中小企业列入军品供应商行列，以此来提高军品的质量和性能，并不断修订军用标准，使其能够与民用商品兼容，以消除民用商品在武器装备使用中可能存在的标准不通用、接口不统一等障碍。2017年2月底，俄罗斯在“索契-2017”论坛上召开了“国防工业体系多样化和地方化发展”圆桌会议，总理梅德韦杰夫和副总理罗戈津在会上发言，深刻阐释了当前俄罗斯军民协同发展的新理念，有效推动了全面、积极探索国防工业体系创新发展新模式[①]。

为了快速、广泛地引入民用技术，俄罗斯采取了多种措施。自2016年起，俄罗斯国防部先进技术追踪和科研活动管理总局组织召开了“未来突破”比赛活动，3年间，科技成果数量和参赛人员逐渐增加，一些科研成果已应用到新型装备上。在2019年举办的比赛活动中，俄罗斯国防部科研和教学单位、俄罗斯武装力量等积极参加“科技连”比赛活动，共申报25个比赛项目，比2018年增加了1倍，促进了先进的创新技术成果有效运用到武器装备和两用产品的研制生产中。

① 张慧．浅析俄罗斯国防工业创新发展［EB/OL］．https://www.sohu.com/a/273944435_613206，2018-11-08 06：45.

第三章　国外国防技术转移法律法规

国防技术是国家科技的重要组成部分，国家技术转移领域的法律法规是其上位法。基于此，本章将梳理各军事强国国家及国防技术转移法律法规。

第一节　美国技术转移法律法规

一、美国国家技术转移法律法规

20 世纪 80 年代，美国逐渐意识到以自然资源为基础的经济发展不能使其保持世界经济霸主地位，而是需要依靠新的科学技术，新技术的创新速度决定了国家的综合国力和竞争力，而当时的专利等知识产权属性政策不统一且多是政府拥有其资助成果的所有权，这种政策导致成果转化效率很低。基于此，美国开始重视从法律法规层面鼓励技术创新主体将发明创造转化应用到社会经济等各行各业，实现技术成果从实验室到产业界的转移。相关的法律法规如表 3-1 所列。

表 3-1　美国技术转移法律法规列表

序号	法律法规	颁布年份	备　注
1	《拜杜法案》	1980	
2	《贝赫-多尔大学和小企业专利法》	1980	
3	《商标明确法案》	1984	对《拜杜法案》进行修订
4	《史蒂文森-威德勒技术创新法》	1980	又名《技术创新法案》
5	《小企业技术创新发展法》	1982	
6	《国家合作研究法》	1984	
7	《联邦技术转移法》	1986	对《史蒂文森-威德勒技术创新法》进行修订
8	《12591 号总统令》	1987	
9	《综合贸易和竞争法》	1988	
10	《国家竞争力技术转移法》	1989	

（续）

序号	法律法规	颁布年份	备注
11	《美国技术优先法》	1991	
12	《小企业技术转移法》	1992	
13	《加强小企业研究与发展法》	1992	
14	《国家合作研究和生产法》	1993	
15	《国家技术转移与促进法》	1995	对《史蒂文森-威德勒技术创新法》和《联邦技术转移法》进行修订
16	《国家技术转移与升级法案》	1996	
17	《联邦技术转让商业化法》	1997	
18	《国防部国内技术转移计划》	1999	
19	《国防部技术转移计划》	1999	
20	《技术转移商业化法》	2000	对《史蒂文森-威德勒技术创新法》和《贝赫-多尔大学和小企业专利法》进行修订
21	《合作研究与技术促进法案》	2004	
22	《美国竞争法》	2007	
23	《加速联邦研究的技术转移和商业化支持高成长企业》	2011	总统备忘录

（1）《拜杜法案》。1980年《专利和商标法修正案》在国会通过并颁布实施，即著名的《拜杜法案》，1984年美国对该法案进行了修订，名为《商标明确法案》。该法案被认为是促进美国技术转移的关键，因为其明确了政府资金资助产生的发明创造的所有权归属于发明者所在的研究机构，如大学、科研机构、非营利机构和小企业等，除了政府为其自身利益获得“非排他性、不可转移、不可撤销、已付款的许可”，并鼓励这些成果所有者积极对成果进行专利申请、转让和许可等，发明人和其所在单位共同享有所得收入。该法案是政府从法律层面对技术成果产品化、商业化举措的认可，为国防技术转移提供了上位法。可以看到，当前很多国家都继续沿用这一思路，作为提高创新动力的重要举措。

（2）《贝赫-多尔大学和小企业专利法》（Bayh-Dole Act（Patent and Trademark Law Amendment））。该法案于1980年通过实施，明确大学和小企业等发明主体拥有政府资金资助下产生的发明的所有权，并鼓励其向工业界转让发明，以便形成产品①。

① UnitedStatesCongress. TheBayh—DoleActat25［R］. Washington：UnitedStatesCongress，2006.

(3)《史蒂文森-威德勒技术创新法》(Stevenson-Wydler Technology Innovation Act)。1980年,《史蒂文森-威德勒技术创新法》获得参众两院通过并生效实施,明确规定联邦实验室的成果可以向产业界转移,意在通过加强科研机构和产业界的技术转让、人才交流等方式,促进美国的技术创新,同时要求每个较大的实验室留出资金用于技术转移,并建立自己的研究和技术应用办公室(ORTA),即所谓的产学合作,作为从事技术转移的联邦实验室特定部门,这是美国联邦技术转移的法律基础。

(4)《小企业技术创新发展法》(Small Business Innovation Development Act)。1982年,美国通过实施的《小企业技术创新发展法》,旨在鼓励中小企业开展技术创新,并要求主要的联邦研究机构建立小企业研究项目,即如果研发预算超出1亿美元,联邦机构必须参与小企业创新研究计划(SBIR),将不低于其研发预算2.5%(2017年以后调整为不低于3.2%)的经费授予参与研发的小企业;如果研发预算超出10亿美元,联邦机构必须参与小企业技术转移计划STTR,将不低于其研发预算0.3%(2016年以后将调整为不低于0.45%)的经费授予参与研发的小企业,提高政府对小企业研究的资助力度,一方面帮助具有商业潜力的小型高技术企业开展创新工作,另一方面在联邦政府研发工作中吸纳中小企业的创新技术[①]。

(5)《国家合作研究法》(National Cooperative Research Act)。1984年通过的《国家合作研究法》和1993年通过的《国家合作研究和生产法》,均鼓励两家以上的公司在生产和研发活动中进行合作,这是鼓励产业界开展技术联盟的重要做法[②]。

(6)《联邦技术转移法》(Federal Technology Transfer Act)。该法案于1986年颁布,是在1980年《史蒂文森-威德勒技术创新法》的基础上进行修订的[③],明确联邦实验室可以与其他实体签订合作研究与开发协定(CRADA),这些实体包括但不限于联邦机构、州或当地政府、大学以及其他

① United States Congress House Committee on Foreign Affairs. Small business innovation development act of 1981 [J]. Transportre-views, 2006, 26 (5): 593-612.

李泽红,吕东,王中霞. 中外军工企业集团知识产权管理模式比较研究 [J]. 国防科技,2010,31 (5): 40-44.

杨尚洪. 美国国防领域知识产权管理与技术转移的做法与启示 [J]. 中国科技论坛,2017,4: 188-194.

② 沈锦璐. 美国第三代工程研究中心:发展历程、运行模式与经验启示——以CBiRC、RMB项目为例 [J]. 重庆高教研究,2023,4: 93-107.

③ United States Congress. Federal technology transfer act of 1986 [R]. Washington: United States Congress, 1989.

非盈利组织、工业公司等。此外，为了确保联邦实验室能够有效运用民用科学与技术，要求每个联邦实验室建立研究与技术应用办公室，主要负责开展实验室的技术转移、推广服务等工作①。

（7）《12591 号总统令》和《12618 号总统令》。1987 年底通过实施，以《联邦技术转移法》为基础，要求联邦实验室和政府加强大学和企业的技术转让，促进科学技术的产业化。

（8）《综合贸易和竞争法》（Omnibus Trade and Competitiveness Act）。该法案于 1988 年通过实施，明确建立竞争政策委员会，要求企业将促进科技成果和先进技术转移转化作为提高竞争力的一个重要手段，并授权商务部资助国家标准和技术研究院成立地方制造技术转让中心，与企业共同实施“先进技术计划”和“制造业发展合作计划”，帮助企业增强竞争力②。

（9）《国家竞争力技术转移法》（National Competitiveness Technology Transfer Act）。该法案于 1989 年通过，是国防部授权法案的一部分，重点是鼓励政府，建立与产业界的合作关系，意在通过加速联邦资助技术成果的转移转化，提高美国的综合国力和竞争力，同时所属的且由承包者经营的实验室积极参加合作研究与开发协议，将技术转移作为联邦实验室和雇员的考核指标之一③。

（10）《美国技术优先法》。该法案于 1991 年开始实施，允许知识产权在合作研发者之间进行交换。

（11）《小企业技术转移法》（Small Business Technology Transfer Act）。该法案于 1992 年出台，旨在进一步促进小企业的技术成果向更广泛的领域转移转化与开发④。

（12）《加强小企业研究与发展法》。美国国会于 1992 年通过该法案，授权实施小企业技术转移计划，明确规定：研究与发展经费超过 10 亿美元的的联邦部门，需将经费的 0.3%（2016 年以后调整为不低于 0.45%）划为研发基

---

① 李希义．美国政府支持小企业技术转移的经验［C］．2011 年技术转移与成果转化暨沿海区域科技管理学术交流会，2011.

② 刘民义．制度和体系：美国推动技术转移成果转化的考察和启示［J］．科技成果管理与研究，2010（2）：13-16.

张丹凤，宋元．美国的科技成果管理研究及对我国的启示［J］．国土资源情报，2008，5：21-25.

③ 易继明．美国国防领域知识产权的管理模式［J］．社会科学家，2018，6：11-20，163.

④ SCHACHTW H. Small business technology transfer program［R］. Washington：Small Business Administration Office of Investment and Innovation，2010.

吕景舜．国外军民协同创新与技术转移措施研究［J］．卫星应用，2016，9：27-33.

金，供小企业与非营利研究机构进行技术转让项目和技术创新合作时使用[①]。

（13）《国家技术转移与促进法》（National Transfer and Advancement Act）。该法案于1995年实施，提高了研发人员从专利权使用费中获得的奖励比例，上限由原本的10万美元提高到15万美元，用经济利益激发创新人员的积极性。

（14）《国家技术转移与升级法案》。该法案于1996年通过，主要是对《史蒂文森-威德勒技术创新法》和《联邦技术转移法》进行了部分修订，明确了参与共同合作研发协议的公司可获得充分的、应用的知识产权，还规定参与研发的厂商至少取得专属授权的优先选择权，同时要求提高团队研究人员及发明人的奖励，扩大对发明相关人员的奖励范围，对共同研发项目的技术成果权利分配进行了规范，从经济利益角度对发明人的努力给予了认可，以此激发发明人的创新创造积极性。

（15）《联邦技术转移商业化法》（Technology Transfer Commercialization Act）。该法案于2000年实施，要求政府机构严格监测联邦拥有的发明，并适时实施许可，规定在其他条件相近的情况下优先将研发成果授权给中小企业[②]。

（16）《合作研究与技术促进法案》（The Cooperative Research and Technology Enhancement Act）。2004年通过并实施，对美国法典专利内容进行了修订，允许多个创新主体共同申请和拥有专利，通过解决知识产权权属问题为企业、大学和联邦实验室的合作研发活动提供支持。

（17）《加速联邦研究的技术转移和商业化支持高成长企业》。这是2011年奥巴马总统发布的备忘录，指导联邦部门和机构采取多种措施加速联邦技术的转移和商业化，包括设立目标、测度绩效、优化管理流程、推动地方和区域伙伴计划等。

二、美国国防技术转移法律法规

美国防部高度重视将商业领域的科技创新成果用于武器装备建设和战斗力生成，如何及时跟上商业科技发展步伐、更快速地将前沿领域的高端商业科技创新成果引入国防建设系统，是美国国防部一直在解决的问题，并从法律法规、机构建设等方面做了充分的尝试。科技成果的转移转化与知识产权问题密切相关，可以说，知识产权政策是成果转移转化的根本保证。为了确保科学技

① SCHACHT W H. Small business innovation research (SBIR) program [R]. Washington: U. S. Small Business Administration (SBA), 2010.

沈梓鑫．美国在颠覆式创新中如何跨越“死亡之谷”？[J]．财经问题研究，2018，5：92-100.

② United States Congress. Technology transfer commercialization act of 2000 [R]. Washington: United States Congress, 2000.

术能持续有序地转移转化，美国还出台了一系列国防知识产权政策制度，全面规范美国国防技术成果的开发、使用、转移和出口等。

在联邦法规层面，涉及国防知识产权和技术转移的法律包括《美国法典》《反垄断法》《投资法》《工业产权法》和《资本市场规范法》等，其中《美国法典》中的相关内容为第10编第2194、2350、2371b、2373、2374a（现为4892）、2563、2681（现为4175）、4001和4002条，第15编第3710、3715和3719条，以及第35编第200条。关于国防医科大学（USUHS）管理知识产权和技术转移的法规条款为《美国法典》第10编第718条（关于与亨利·B. 杰克逊基金会的合作）和第10编第2113条（关于大学的管理）。

在法规规章层面，国防部的技术转移政策主要集中在《国防部合同知识产权问题指南》《联邦采办条例国防部补充条例》《安全援助管理规定》《发明保密法》《国际军品贸易条例》《出口管理法》《陆军知识产权管理规定》《军转民、再投资和过渡援助法案》《国防部国内技术转移计划》《国防部技术转移计划》等，如表3-2所列。这些规章制度为美国国防部资助的、国防实验室内部开发的创新提供了指导，同时，实验室也依托这些规章制度为其内部开发的创新寻求保护，并主要通过专利许可协议的方式，向私营部门提供其中一些创新以实现商业化[①]。

表3-2　美国国防技术转移法律法规列表

序　号	法律法规	颁布年份	备　注
1	《美国法典》		
2	《国防部合同知识产权问题指南》		
3	《联邦采办条例国防部补充条例》	1958	
4	《陆军知识产权管理规定》		
5	《国防部国内技术转移计划》	1999	
6	《国防部技术转移计划》	1999	
7	《军转民、再投资和过渡援助法案》	1992	
8	《国防授权法案》	1993	
9	《知识产权的获取与许可》	2019	

《国防部合同知识产权问题指南》主要用于指导国防采办队伍处理采办合同中的知识产权问题。

① 冯媛．军民融合战略下的国防知识产权制度研究：基于国内外比较分析［J］．中国科技论坛，2016（7）：148-153.

《联邦采办条例国防部补充条例》（Defense Federal Acquisition Regulation Supplemnt，DFARS）旨在确保联邦政府对国防领域采购物资和服务的管理和控制，进一步对国防采办合同中所产生和使用的知识产权进行补充规范，体现了国防部现行的数据和软件许可方案，其基本原则是：国防部只需要满足其所需的技术资料和计算机软件，以及这些资料和软件的权利，在政府资助下开发的技术为政府提供了比混合资助或私人出资开发的技术更广泛的权利。

《国防部国内技术转移计划》（DoD Domestic Technology Transfer（T2）Program），即国防部指令 5535.03，于 1999 年颁布，旨在通过立法的形式明确军民两用技术的重要性，强调要将国防部开发或委托开发的科研成果、情报信息、先进技术、先进工艺等，按国家保密要求转移转化到州或地方政府以及民营企业，进一步促进国防技术向民用领域的转移①，并通过该指令将国防部促进技术转移的职责在国防部内部进行分配②。

《国防部技术转移计划》（DoD Technology Transfer（T2）Program），即国防部指令 5535.08，1999 年颁布，进一步明确了国防部内部的技术转移职责和程序，规定特许权使用费的分配，包括支付给发明人的款项。

《军转民、再投资和过渡援助法案》（Defense Conversion，Reinvestment and Transition Assistance Act），于 1992 年通过，这是一部保障军转民技术转移资金来源的联邦法律，要求国防部对法规进行改革，大力采用民品技术，促进民品企业创新；建立技术再投资计划，旨在通过机构间的合作活动来满足民用部门和国防部门对技术开发、技术部署和技术教育培训等的需要③。

1993 年，美国国会通过《国防授权法》，要求设立一个由各个政府部门组成的国家国防工业基础委员会，负责指导和监督国防军转民计划的实施④。

2021 年，美国国防部发布了《国防部 5000 系列采办政策改革手册》，明确知识产权管理是国防采办涉及的 14 个业务领域之一，并于 2019 年 10 月 16 日发布《知识产权的获取与许可》（国防部 5010.44 指示）。该指示针对国防采办活动中涉及的专利权、技术资料权、版权等知识产权的获取、许可等，对国防采办项目全寿命周期中的知识产权管理进行了顶层指导和规范，涉及的主

---

① 杨贵彬．国防科技工业寓军于民的目标与实现模式研究［D］．哈尔滨：哈尔滨工程大学，2007.

② 马名杰，龙海波．美国推进国防科技工业军民融合发展的经验与启示［J］．发展研究，2019，2：15-19.

③ 张丹凤，宋元．美国的科技成果管理研究及对我国的启示［J］．国土资源情报，2008（5）：19-23.

④ 杜颖，章凯业．俄罗斯国防工业军转民介评及启示［J］．科技与法律，2015（5）：1038-1055.

体包括参与国防科研生产的国防采办项目管理部门、承包商、供应商等。该指示明确了各主体的职责，包括国防部采办助理部长、国防采办大学校长、国防部法律总顾问、具有采办授权或负有合同管理职责的国防部部局领导等，要求开展知识产权专业队伍建设、国防项目的知识产权策略拟制，并明确国防部部局的知识产权要求。在鼓励技术转移方面，该指示明确要求"尊重、保护私营部门和美国政府技术开发投入所产生的知识产权"，在提供知识产权培训时，要"公平对待工业界，激励其参与国防市场""探索共享知识产权策略和产品保障策略的相关细节，既要确保产品的保障和升级具有竞争性和经济可承受性，又要为私人创造的知识产权提供适当保护"。

各军兵种在上述法律法规指导下，在条令条例中明确了技术转移的相关要求。例如，《陆军条例》第70-57条规定了技术转移和知识产权许可的政策与责任。海军指令5700.17A和5870.2E明确了海军内部关于技术转移相关的各种职能分工，海军部技术转移手册包含技术转移相关协议模板。空军指令51-303规定了空军发明管理的程序和责任，包括专利申请、维护和许可等；空军指令61-301包含了技术转移的程序和责任，包括合作研究与开发协定和空军技术转移手册的维护/分发。

有些单位还依靠单位内部的条令条例指导创新的商业化，如陆军医疗研究和发展指挥部的USAMRDC条例70-57《医学研究、开发和采办军事-民用技术转移》、海军空战中心飞机部的NAVAIRWARCENACDIVINST 5870.1A《专利许可协议流程》、太平洋海军信息战中心SSCPACINST 5870.1D《发明、专利和相关事宜》、海军水下作战中心-新港NUWCDIVNPTINST 5870.5C《发明评估委员会和发明评估程序》和国防医科大学的JOTT标准操作程序（2016）。

第二节　英国技术转移法律法规

一、英国国家技术转移法律法规

在科技成果管理方面，作为世界上第一个以法律形式对科技成果进行保护的国家，早在1624年，英国就制定了《垄断法规》，该法规被视为"专利法之母"，宣告以往国王所授予的专利权一律无效，并规定以后将向新产品第一发明人授予专利证书，享有不超过14年的独占保护权利。该法明晰了如专利权等科研成果属于私有产权，并鼓励所有人积极开展科技发明，这为工业革命的发生奠定了基础，德国法学家J. 柯勒曾称之为"发明人权利的大宪章"。

第二次世界大战结束以来，为了保障技术转移渠道的畅通，英国政府制定了一系列的法律法规。1965年，英国政府颁布了《英国科学技术法》，这是英国科学技术发展领域的基本法，旨在进一步规范科学研究领域的责任和权力，以及技术部长、国务大臣、某些特许机构和其他组织在科学研究中的权力[①]，这是其他技术转移政策的基本依据。在此基础上，英国政府制定了《发明开发法》（1964年、1968年）、《应用研究合同法》（1972年）、《公正交易法》（1973年）、《不公正合同条款法》（1978年）、《竞争法》（1980年）等，以维护研究开发合同的公平公正性，保护研发人员的利益，提高科研人员开展科学技术转移的积极性[②]。

二、英国国防技术转移法律法规

英国促进军民两用技术成果转移主要通过承认和保护知识产权权益人权利的方式，以此激发民用机构参与国防工业生产的积极性[③]。为此，英国国防部出台了一系列知识产权的政策制度，保护发明主体在参与国防活动中的权益，以此吸纳更多的民用技术进入国防领域。

（1）《国防部知识产权指南》。2005年2月，英国国防部颁布《国防部知识产权指南》，目的在于为国防部所属单位提供知识财产和知识产权的信息与指导，它对现有的各种知识产权以及如何得到它们进行了说明，并对国防部业务范围内如何处理知识产权给予了指导。该指南明确了国防部知识产权的权属关系，即国防部资助国有部门开展研究产生的知识产权一般情况下归该国有部门所有，国防部资助民营机构开展研究产生的知识产权归民营机构所有，国防部只保留免费使用权。对于国防部提供全部资金的合同工作所产生的知识产权，在知识产权的所有权归属于承包商的情况下，国防部获得下列一项或几项具体的权利：①对合同下产生的专利发明和登记的设计的免费使用权；②对履行合同涉及第三方的专利和登记的设计以及使用这些客体的有关限制等的知情权；③对于根据合同交付的资料或软件，为英国政府目的的复制、公布和使用的权利；④要求交付制造资料包的权利；⑤制图纸供内部使用的权利；⑥对于为英国政府目的以外的目的销售产品或许可他人制造产品的收入，与承包商共享的权利；⑦使合同工作成果服从可能存在的国际合作项目的权利。对于非国家投资但应

① 胡智慧，李宏. 主要国家的技术转移政策及支持计划［J］. 高科技与产业化，2013（3）：49-52.

② 胡智慧. 国外技术转移政策体系研究［J］. 科技政策与发展战略，2012，4：1-3.

③ 程享明，谢冰峰. 英国推动装备建设军民融合的主要做法［J］. 国防，2014（5）：7-9.

用于国防的知识产权，根据《国防部知识产权指南》，合同通常应当约定所产生智力成果的所有权归承包商，但受制于按合同约定的为政府目的公布和使用的权利①。

(2)《英国国防部国防 703 条款》(DEFCON 703)。DEFCON 703 是在有限和特殊情境下对于英国国防部完全投资的合同工作产生的知识产权所有权有要求综合性知识产权条款，覆盖了因执行相关合同工作产生所有形式的知识产权。它要求将执行这类合同工作产生的知识产权所有权赋予英国国防部，禁止承包商未经国防部许可就使用或发布知识产权，除非承包商能证明这些成果已经被公开发表和使用。但当涉及专有信息、背景专利和数据库权利时，国防部负有保密义务，不能自由使用这些知识和产权。英国国防部曾使用各种条款规定特定情形下对知识产权所有权的要求，而现行的 703 条款代替了所有之前的条款。DEFCON 703 条款中只对知识产权归属、使用、保密及发布情况进行了规定，没有具体说明该条款适用的合同工作。英国国防部《工业指导原则》(Guidelines for Industry，GFI) 第 10 部分解释了 703 条款适用的情境，明确 703 条款主要适用 9 类合同工作：①采购保障工作；②国防部或第三方的产品进行测试与评估；③对涉及政策或组织的工作提供建议或咨询；④致力于开发、创建或撰写国家或国际标准；⑤致力于准备采购规范和用户需求文档；⑥对于为政府运作或规划政府政策而进行的工作，当符合政府要求时，成果将由国防部公开发表或公布；⑦对于高度敏感类工作，国防部拥有知识产权，并控制成果发布和使用，或者知识和产权应符合其他政府的规定；⑧运行政府自有资产的合同；⑨为向国防部团队或组织提供替补人员或承包商而与个人或公司签署的合同。在合同项目级别或以上级别情况下，除了 DEFCON 531 (信息披露) 和 DEFCON 632 (第三方知识产权) 之外，不需要援引任何补充知识产权条款。这说明，并非所有合同项目都应该调用 DEFCON 703，每个项目都应根据其特点进行判断。

(3)《英国国防部国防 705 条款》(DEFCON 705)。DEFCON 705 规定了英国国防研究及技术合同中的知识产权的所有权、使用与发布权，以及专利成果的应用情况。DEFCON 705 将知识产权定义为所有专利、实用新型、任何设计中的权利 (注册和未注册的)、任何上述成果的应用程序、版权、机密信息和商业秘密，以及在世界任何地方有类似等效性质的所有权利和保护形式，将“前景技术信息”(Foreground Technical Information) 定义为因执

① 何隽．关于国防知识产权的若干思考 [J]．科技管理研究，2018，10：160-164.

行合同而产生的技术信息，将“前景知识产权”定义为所有因“前景技术信息”而获得的知识产权。根据DEFCON 705，所有的前景知识产权所有权应属于承包商，当承包商转让前景知识产权的所有权时，应经过国防主管部门的同意，并应保证主管部门对相关权利使用的持续性。当包含前景知识产权的发明成为专利首次应用时，或者包含前景知识产权的设计登记注册首次应用时，都应通知主管部门。当国防部与承包商签订的合同或者相关的合同工作涉及国家安全，那么，承包商对因执行合同而产生的发明创造申请专利时，应向主管部门准备和递交所有的专利申请材料，并接受安全部门的评估。承包商有责任有效地利用、管理和开发前景技术信息与前景知识产权，国防主管部门在必要情况下，可提供相关信息以推动前景知识产权的利用。当应用于不同性质的不同项目时，DEFCON 705和DEFCON 703可以在同一契约中使用，互相补充。

（4）《英国国防部知识产权政策说明》。根据《英国国防部知识产权政策说明》，国防部合同下所产生智力成果的所有权通常归产生方即承包商，国防部具有使用和指定他人为英国政府目的（包括安全和民防）使用的权利。对于完全由政府提供资金所产生的智力成果，国防部使用通常不支付费用。国防部的权利范围将根据国防部为研究与技术工作提供资金的比例有所不同。此外，对于国防部提供了资金的智力成果，工业界予以商业开发，例如，通过对外防务销售设备、软件或方法，或者通过将智力成果许可给他人而获得收入，国防部可以要求提成。对于从供应商获得的、确认为并非国防部提供资金所产生的智力成果，如果国防部希望用于防务能力的竞争采办，或者用于再生产或改进，应当就这种使用权支付合理的费用，并就使用的条款和条件进行协商。对于国防合同中涉及使用第三方拥有的知识产权，该权利的取得通常通过与持有人签订合同或者许可协议确立。与第三方知识产权所有人自由谈判并被许可使用其知识产权，适合于承包商代表国防部使用的情形，也适合于承包商需要将该知识产权用于商业目的情形。如果使用费用需国防部支付，承包商必须在取得许可之前得到国防部的书面同意。只有承担许可费用项目的项目管理者同意，以及国防部审查并同意许可的费用和条件，该许可才能得到同意。但是，国防部只支付合同目的确实需要并专用于国防部目的的知识产权费用。对于国防部雇员和武装部队人员产生而归属于国防部的智力成果，国防部应当从国防部拥有的发明开发收益中，给予发明人适当报酬。这一规定旨在遵守《1977年专利法》第40条。

第三节 日本国防技术转移法律法规

一、日本国家技术转移法律法规

1986年，日本政府制定《促进研究交流法》，允许科研机构学者和地方人员共同参与国家研究项目，鼓励科研人员与企业建立紧密联系，企业可以共同参与技术研发。在政策的引领下，自1987年开始，日本建立了多所共同研发中心。在美国成功经验的激励下，为加快完善国家技术创新和转移体系，从20世纪90年代中后期开始，日本采取了积极的政策和措施，鼓励大学和研究所积极建立科技成果转化激励机制和制度①。

1995年，日本政府颁布了《科学技术基本法》，并启动了三期科学技术发展规划：一是将科研经费重点投入到有竞争力的课题，旨在培养一万名核心团队人员；二是围绕创造知识、创出活力、造福社会等主题设立课题研究目标；三是围绕科学技术战略的重点，加强基础研究和前沿热点技术创新，大力培养创新型综合人才。

1998年5月，为了推动大学和国立科研机构产生的科研成果与先进技术顺利转移转化到民营企业，日本政府发布了《关于促进大学等的技术研究成果向民间事业者转让的法律》；同年，日本出台了《大学技术转移促进法》，允许在大学建立技术转移转化机构，研究人员可以和企业开展共同研发，目的是提高大学产生的科研成果的转移转化和应用率。这些举措旨在通过大学科技成果的转移转化促使日本产业机构调整，提高各个产业的科学技术水平，推动建立新兴的高新技术企业，同时也促进日本大学的研究工作更加富有活力、使研究成果更加具有经济和效益价值，另外，科技成果转移转化的经济效益促使日本学术界更加积极活跃。

1999年，日本出台《产业活力再生特别措施法》，也称为日本版的《拜杜法案》。该法案规定，高等院校利用政府经费完成的科研项目，开发所获得的专利所有权完全归学校所有。该法案的目的是促进具有独立法人资格的公立、私立大学积极开展科学技术创新和科技成果转移转化，但是对于不具备独立法人资格的国立大学来说，这个法案并不友好，因为限制了大学对科研成果知识

① 董洁．日本科技成果转化体系研究与思考［C］．北京：2019年北京科学技术情报学会学术年会——“科技情报创新缔造发展新动能”论坛，2019：34-42.

产权的自主管理，不利于调动成果转化的积极性①。

2020 年，日本将科学技术领域的母法《科学技术基本法》更名为《科学技术创新基本法》，要求组织开展研究开发的法人、大学、民营企业等积极开展科研成果普及与转移转化应用工作。

2001 年，日本发布《以大学为起点的日本经济构造改革计划》，要求大学科研成果以提高新产业培育速度为目标，可以看出，日本将大学的科研成果作为国家科学技术发展的重要组成部分，其成果转移转化能力成为国家产业发展的重要支撑。同年，日本颁布了《中小企业支援型研发事业》，旨在促进企业积极与产业技术综合研究所开展研发方面的合作，并对转化程度高的企业给予经费资助。同时，《产业集群计划》开始实施，计划布局了 19 个产业集群，集群分属于 4 个不同领域，在学术界、产业界和政府之间构建起了合作网络。

2002 年，日本制定《知识产权基本法》，重点是促进大学、科研院所等科研机构的研究成果转移转化。

2004 年，日本出台《国立大学法人法》，明确国立大学拥有独立法人资格，享有科研成果转让自主权和成果转移转化收益的自主支配权，所有收益不再纳入政府财政经费，该法案加快了研究机构和企业合作的进程，以及科研成果转移转化的速度。

2006 年，日本政府为了进一步发挥高校的社会服务功能，组织修订了《教育基本法》，规定高等院校应该以向企业或者社会转移转化所属科研成果的方式为社会做出更大贡献，这为进一步加强高校与企业的技术交流合作，以及促进科技成果的有效转化转让提供了法律基础。

2017 年，日本内阁出台了《科学技术创新综合战略 2017》，在《第五期科学技术基本计划（2016—2020）》第一年变化的基础上，重点论述了 2017—2018 年度推动科学技术创新（如实现超智能社会 5.0）的 6 个重点举措，包括加强经费改革，建立有利于促进创造创新人才、知识、资金良好循环的创新机制，发挥科学技术在创新中的推进作用等②。

二、日本国防技术转移法律法规

在国家科技成果转移转化政策制度指引下，国防和装备建设领域中的知识产权政策制度也逐步建立，为国防技术转移转化提供了法规支撑。在日

① 钟书华．促进政府资助的科技成果有序进入市场［J］. 国家治理，2021，Z3：52-55.

② 胡雅芸，张代平，李宇华．2020 年度日本国防科技管理综述［OL/OB］. https://www.sohu.com/a/468228004_635792,2021-05-24.

本，通过装备采购形式产生的科技成果知识产权归属问题一直饱受争议。按照日本有关雇员发明的法律规定，政府雇员（包括国立大学教授或国立研究机构研究员）的专利权归属于政府。然而，非政府雇员所产生的知识产权，由属于投资方的政府和属于受资方的单位或者个人通过合同约定的方式进行明确，其中政府通常享有较多的权利。日本政府的初衷是通过加强管理使这些发明创造能够得到更好的保护和利用。事实上，日本政府对这类专利的管理效果并不理想，大量的科技成果还是不能得到充分的利用。随着《大学与产业界的技术转移促进法》《产业振兴特别措施法》《促进产业技术法》等法律法规的出台，日本防卫省对装备采购中产生的技术成果政策有了一定程度的“放权”。

1970 年首次颁布的《国防装备研制和生产基本政策》是提高日本军用装备生产的基本方针，规定了采购武器系统的指导原则，明确要求最大限度地利用民间企业的技术开发能力，并通过对知识产权的归属以保密为前提进行了松绑，促进了技术转移转化的积极性[①]。

1998 年 12 月，日本颁布《新事业创新促进法》。该法规详细规定了中小企业技术创新研究计划，重点是要求日本政府每年要为中小企业用于开发新产业和新技术的补助、委托费等，制定经费预算，并将这些资金提供给符合条件的中小企业。

1999 年 3 月，日本制定《中小企业新视野活动促进法》，规定中小企业和行会要制定经营革新计划，计划获得政府认可后，便可获得融资和税收方面的援助[①]。

日本防卫省第 50-48 号指令“国防系统的技术研究与发展”（该指令通过技术研发本部 1 号指示“国防系统的技术研究与发展”贯彻实施），规定了武器系统和装备的研制政策及程序，对装备采购合同产生的知识产权进行了规定。

日本防卫省在《防卫技术指针 2023》中，提出日本防卫技术未来发展的重点领域和关键技术，如无人化自动化、网络空间防御等 12 个领域和脑机融合技术等 35 项关键技术，并计划设立日本版 DARPA，以推动民间企业参与军事装备研发。

① 吕景舜，赵中华．李志阳．国外军民协同创新与技术转移措施研究［J］．卫星应用，2016（9）.

第四节　俄罗斯国防技术转移法律法规

受苏联计划经济体制的影响，俄罗斯的科技成果转移转化水平远远低于西方发达国家，科技成果与装备生产“两张皮”现象比较突出，强大的科研能力无法有效地转换成现实生产力。从1991年苏联解体开始，作为老牌的重工业国家面临严重的科学技术危机的情况下，俄罗斯对科学技术成果保护的制度设计从未停止过①。

一、推行“军转民”阶段

为了贯彻全面快速军转民的思想，1992年3月20日，俄罗斯颁布了《俄罗斯联邦国防工业军转民法》，规定了国防企业和与其有关的各类联合体、组织机构，在减少或停止国防订货的条件下，对其有关生产能力、科技潜力和劳动资源进行军转民，同时要求“军转民企业要为国防需求保留、建立、维持和发展必要的动员力量”②。该法律的目的是促使国防工业组织减少或中断其在军事工业品方面的生产量，同时将其生产、科研能力及劳动力转换到民用品生产中③。该法律第1条第2款明确规定：不管是哪种生产形式或产品类别，所有从事军用领域生产或科研的组织，都应当立即减少或停止对军事工业品的生产，同时将其军事生产力向民用品聚焦，进行转轨。这种“一刀切”的做法忽视了各个领域、各个单位的实际情况，也没有对这种“军转民”活动的整个过程、所带来的影响，以及所需的政策、法律、资源等，进行全面的评估和分析，导致1991—1994年期间俄罗斯的整个国防工业生产力缩减了60%以上，除了军用品产量减少外，民用品的生产力也缩减了47.5%④。

1993年6月，俄罗斯政府出台了《1993—1995年俄联邦国防工业“军转民”计划》，要求军工企业将生产重心转换到民品领域，充分保留国防企业的员工和科学技术潜力，保证国家整体经济的发展。由于这种政府指令性的要求

① 张秋，岳萍．俄罗斯科技成果转化服务模式及对新疆的启示［J］．科技与创新，2020，19：142-143，149.

② 王琦．国外军转民的政策措施简介［J］．军民两用技术与产品，1993（4）：4-6.

③ 杜颖，章凯业．俄罗斯国防工业军转民介评及启示［J］．科技与法律，2015（5）：1038-1055.

④ 海运，李静杰，友谊．叶利钦时代的俄罗斯·军事卷［M］．北京：人民出版社，2001.

与民品市场需求不符，导致军工企业生产的民品没有销售市场，使得军工企业更是雪上加霜①。

俄罗斯在推进军转民过程中出现了资金短缺的问题，导致整个国防工业出现瘫痪，为了改变这种局面，1993 年俄罗斯联邦总统发布了总统令《关于稳定国防工业企事业单位经济状态和国家国防订货的措施》，随后还颁布了一系列与之相关的法律法规，如 1995 年颁布的《俄罗斯联邦国家国防订货法》《俄罗斯联邦政府关于实施国家国防订货的决议》等，要求有关政府部门必须在 1993 年 12 月 1 日前修订所有军转民计划，并且明确结合国防工业企业的经济效益情况为其提供专项贷款。此外，上述法规还要求俄罗斯联邦政府和中央银行一定要履行各类军转民规划中涉及的直接财政拨款义务②。

二、落实“寓军于民”阶段

为了解决此困境，自 1996 年，俄罗斯政府和科技界推动“寓军于民”“以民促军、以军带民”的发展模式，强调发展军民两用技术，而不是过去单纯地让军工企业转产民品。1998 年，俄罗斯政府废除了 1992 年颁布的《俄斯联邦国防工业军转民法》，通过了《俄联邦国防工业军转民法》，该法案是一部对军转民内容进行规范的基本法，以立法的形式明确了军转民过程中涉及的资金保障、政府管理、私有化等问题，具体包括军转民的内容、目的、原则、依据、国家管理在军转民改革中的权责、军转民的资金融通、国防工业私有化以及军转民改革所产生的社会保障等问题，规定“军转民”所需资金由联邦和地方预算资金支持，保留一定的军工生产能力和生产线，避免军工企业在“军转民”过程中破产，先后出台的法规包括 1996 年的《科学和国家科技政策法》《发展军民两用技术大纲》及 1998 年的《俄罗斯 1998—2000 年科学改革构想》等，提出在经济转型过程中关注两用技术的开发与应用，以民用技术需求促进军用技术向民用技术转移，以先进的军用技术带动民用技术的发展，同时，在开发和利用军民两用技术的同时，注重军用和民用技术之间的交流和转化③，同时促进国防工业和国民经济的发展。

---

① 王伟．俄罗斯国防工业“军转民”的经验和教训［J］．中国军转民，2006，8：74-77.

② 杜颖，章凯业．俄罗斯国防工业军转民介评及启示［J］．科技与法律，2015（5）：1038-1055.

③ 顾伟．俄罗斯军民融合法规建设的特点及启示［J］．军事经济研究，2014（2）：55-58.

三、发展军民两用技术阶段

进入 21 世纪，普京高度重视科学技术的发展，尝试通过提高科学技术水平使俄罗斯摆脱“能源附属国”的不利局面，推进国家由能源经济向创新经济转变，同时推动原来服务政府的航天技术积极转化应用到民用领域，多管齐下提高航天工业能力，尤其关注军民两用技术的开发和应用，以促进俄罗斯经济走向现代化。世界金融危机爆发之后，俄罗斯政府更是深刻认识到了技术创新体系建设的重要性和紧迫性，该体系是以市场为导向，以企业为主体，突出产学研合作[①]。

这期间出台的相关法规包括 2001 年的《2001—2006 年俄罗斯国防工业改革和发展规划》《2002—2006 年俄联邦科技优先发展方向研发专项纲要》及 2002 年的《2010 年前俄罗斯联邦科技发展基本政策》等，其中《2010 年前俄罗斯联邦科技发展基本政策》最为具体和系统，并且提出了构建国家创新体系的战略，确立了科学技术市场化、使科学技术与私人资本相关联等基本任务。经过多年的发展，俄罗斯的创新组织和体系不断建立完善[②]。

2007 年，俄罗斯出台了联邦法律《俄罗斯国家技术公司国家集团法》，要求组建俄罗斯国家技术公司，作为军转民过程的资金来源，解决国防工业军转民中存在的资金融通问题，以支持国防工业领域高科技产品的研制、生产和出口[③]。俄罗斯为了推动以创新拉动经济多元化的结构转型，2011 年出台了《2020 前俄罗斯联邦创新发展战略》，建设科技成果服务体系和创新科技成果服务模式是其中的内容之一，在产学研结合、法制制度保障和激励机制等方面进行了大胆的尝试。

2016 年，俄罗斯出台了《科学技术发展战略》，目标是建立一个高效的国家智力资源创造和全面利用体系，促进科学、技术和创新有机统一，同时充分融入到国家经济社会体系中，既确保国家独立，还提升国家的综合竞争力。

---

① 牛萌．俄罗斯“组成统一工艺的智力活动成果利用权”制度［J］．科技与法律，2015，6：114-156.

李云．美俄欧航天军民商融合发展思路与措施研究［J］．卫星应用，2016，9：13-18.

② 孙长雄．借鉴俄罗斯创新经验 提升黑龙江省自主创新能力［J］．西伯利亚研究，2010，5：15-18.

③ 杜颖，章凯业．俄罗斯国防工业军转民介评及启示［J］．科技与法律，2015（5）：1038-1055.

俄罗斯有专为重要国防科研组织机构单独立法的传统，如先期研究基金会、库尔恰托夫国家研究中心均有专门的联邦法律。国防部成立“时代”军事创新科技园后，俄罗斯延续此做法，快速启动相关立法工作。经过2年的筹备，2020年6月，《“时代”军事创新科技园联邦法》征求意见稿正式公布。该法案对科技园职能定位、方向领域、组织架构、运行机制、资金保障等做出全面系统的规定，旨在强化国家管理，进一步指导、规范和保障科技园各项活动的开展，包括科研集群运作、创新项目遴选和组织实施以及项目成果转化应用等。

第四章　国外国防技术转移管理体系

第一节　美国国防技术转移管理体系

冷战结束以来，美国为了保持其世界霸主地位，一直维持大量的研发投入，并产生了很多全球领先的技术成果，这些成果应用于武器装备研制和民用产品制造中，大力促进了美国军事能力的提升和科学技术的发展。在此过程中，形成了一套完整的国防技术转移管理体系。

一、管理体系概况

从美国国家层面看，国防领域的技术转移是其中的一个方面，受国家领导，立法方面以国家法律为上位法。美国国家技术转移管理机构主要包括（图 4-1）：国会，是美国最高立法机构，主要通过立法为国防技术转移转化提供法律依据，从 1980 年的《拜杜法案》以来，陆续通过了 20 余部法律，明确了国防技术转移中涉及的成果权属、利益分配等核心问题，鼓励形成产、学、研、官一体化局面；白宫科技办公室，由总统直接领导，负责制定国家科技发展方针、政策；国家科学技术委员会和总统科技政策局，主要负责国防专利技术转移宏观调控层面的决策，通过颁布相关的政策和制定相应发展战略来承接决策；国防部长，国防部研究与工程署负责相关政策的制定及部署；国家科技基金会，负责管理由政府拨款的科学研究与技术开发资金；国家产业化技术委员会，在科技成果转化工作中起到监督的作用，是一个监督机构。

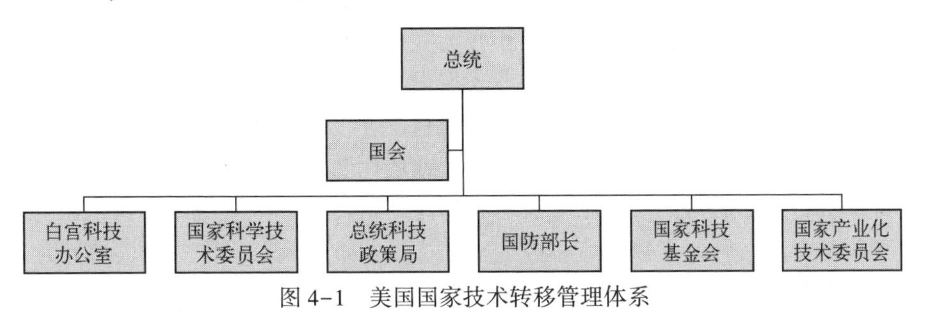

图 4-1　美国国家技术转移管理体系

美国国防部内部技术转移管理机构采取三层逐级管理的体系，自上而下分别是国防部、各军兵种、基层实验室（图 4-2）。

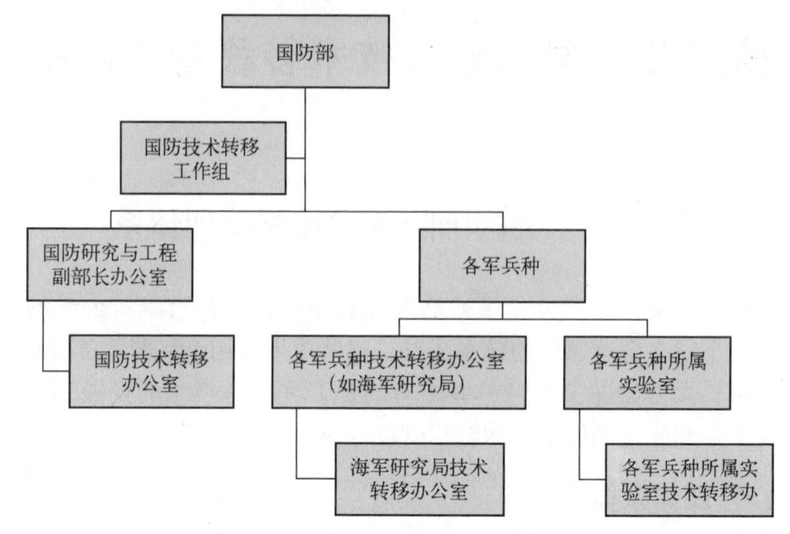

图 4-2　国防部科技成果转化体系框图

国防部是国防技术转移工作的主管部门，通过顶层筹划、规划制定、机构设立、计划创立等方式开展国防技术转移工作。国防部于 1994 年设立了国防技术转移工作组（DTTWG），该工作组是国防技术转移与转化工作的具体执行机构，包括制定发展战略、管理技术转移与转化计划、沟通和协调国防部内各军兵种的技术转移，由各军兵种实验室的代表组成，每月举行会议以商讨有关技术转移的各类问题，目前隶属于研究与工程助理国防部长办公室。

根据国防部指令 5535. 8《国防部技术转移计划》，各军兵种部部长和其他国防部机构负责人，包括国防部下属各局局长以及国防部长办公室首席参谋助理，在国防部技术转移工作中应负以下责任：一是组织实施技术转移计划；二是确保所有国防部实验室和（或）技术活动，以及能够支持或实施技术转移的所有其他机构，应将技术转移工作作为完成项目的最高优先事项。在国防部指导下，根据上述指令，三军和各业务局设立了相应的技术转移机构，负责本单位或本领域的技术转移政策的制定与执行。

国防部所属联邦实验室是国防部所有或由国防部出资资助，由国防部直接运营或由承包商运营，是最主要技术转移计划执行者。按照规定，每个联邦实验室都需要设立研究与技术应用办公室，主要负责本实验室的技术转移转化工作。一些规模较大的实验室会设立技术转移的专门管理机构—技术许可办公室

(TLO)。TLO 负责科学技术转移转化的规划、监督、协同和服务保障等工作，包括但不限于知识产权管理、专利分析与专利策略制定、技术许可与转让、企业合作、融资与企业孵化等，其职能贯穿科研成果从产生到运用的全过程：科研立项—研究开发—形成科研成果—技术转移—产业化[①]。

二、管理机构介绍

1. 国防部顶层管理机构

1）国防研究与工程副部长办公室

国防研究与工程副部长办公室是国防部技术转移工作的顶层管理机构，管理国防部技术转移办公室。

国防研究与工程副部长办公室在科技成果转化方面的主要职责包括以下几方面。

（1）监控国防部的研究与开发活动；鉴别国防部的研究与开发活动中使用具有潜在的非国防部的商业应用的技术和技术进步；协调技术信息交换，帮助技术转移到美国私营企业；帮助私营公司解决与国防部技术转移有关的政策问题；与其他联邦部门协商、调整有关技术转移的事务。

（2）监督有关执行科学与技术的国内技术转移所有事项的权力，并与国防部其他官员协调。作为监督的一部分内容，国防研究与工程副部长应当定义核心的国内技术转移的科学与技术的机制，并为国防部门运行该机制提供政策指南。

（3）为国防部门参与、支持联邦科学与技术的国内技术转移计划制定政策。

（4）制定关于执行国内技术转移政策的指南，包括就有关事项与国防部其他官员进行协调。

（5）整理来自国防部门的信息，制定提交国会的报告。

（6）保证国防部门制定技术转移奖励计划，实施可适用的技术转移奖励。

（7）保证国防技术信息中心（DTIC）人员管理，提供国防部门可用的技术转移数据库的发展支持。

（8）美国政府和国防部对外国个人及组织参与国防部技术转移事务具有指导责任，确保其指导的有效性和一致性。

---

① 林耕．美国技术转移立法给我们的启示［J］．中国科技论坛，2005，4：141-145.
杨继明．麻省理工学院与清华大学技术转移做法比较研究及启示［J］．中国科技论坛，2010，1：149-153.

（9）发布国防部文件 5535.8，提供通用实践、程序和流程，以促进国防部与其合作伙伴之间的技术转移具有统一的方法。

2）国防技术转移办公室

国防技术转移办公室的具体职能包括以下几方面。

（1）制定国防部的技术转移计划，制定技术转移和两用技术政策。

（2）监督、管理国防部技术转移工作，协调技术转移相关的科技信息收集与传播，确认具有商业潜力的技术及开发项目，并为商业化提供帮助。

（3）为以技术转移为主的小企业创新研究计划准备建议征求书。

（4）为国防部向私营部门开展技术转移提供平台，协调相关事宜，提供相关设施等。

（5）与能源部和商务部等政府部门开展技术转移事宜的沟通协调。

（6）为私营公司提供技术转移相关的安全审查、所有权及其他法律问题的协助。

负责研发试验、评估和原型制造的先进能力总监（DDR&E（AC））向研究与工程署办公室报告，负责建立和执行联合与跨机构的原型开发和实验，以快速有效地将技术转移到作战人员领域，包括：快速识别、开发、演示、评估和部署创新概念和技术，以提供关键能力，满足时间敏感的作战需求；让服务部门、机构间和联盟合作伙伴、行业和学术界参与进来，以促进及时满足经验证的优先运营需求；通过发现和演示先进技术概念，实现国防部内部的快速能力/技术转移；利用非传统资源和执行者确定“超前”能力。

2. 军兵种管理机构

军兵种技术转移机构设置。在国防部的顶层管理政策指导下，陆军部、海军部、空军部负责制定和执行本部门的技术转移政策。但是，虽然国防部技术转移计划由技术转移办公室集中管理，却由各军兵种分散实施，这样尽管增加了计划的监管难度，但有利于各军种根据本军种的实际情况采取最有效的措施来开展技术转移。例如，海军部本身的技术转移管理主要依托法律顾问办公室（OGC）和海军研究局（ONR）。法律顾问办公室主要负责海军法律方面事宜。海军研究局负责管理和协调美国海军在基础科技、应用科技以及高新科技领域的研发计划，签订各类海军科研合同和协议，并对合同和协议的执行情况予以监督，全面负责海军各研究实验室的开发计划、海军的国内技术转移计划、海军小企业创新研究计划和海军高新技术开发计划。

各军兵种技术转移管理机构的主要职责如下。

（1）保证技术转移在其机构中是高度优先的，制定促进技术转移和在其督促下改善技术转移的发展计划，包括详细的目标和里程碑。

（2）根据国防研究与工程署署长办公室的要求，提供撰写技术转移报告的信息，包括技术转移报道和向国防技术信息中心计划投入的信息。

（3）研发的执行者、管理者、实验室主管、科学家和工程师是促进国内技术转移的关键因素、执行评价的关键要素。制定适用这些人员的义务和职责的描述，制定职员政策。

（4）制定并执行科学家、工程师以及与技术转移有关的其他人员的技术转移教育和培训计划；制定包括金钱奖励在内的奖励计划，认定国内技术转移成绩。

（5）针对联邦资助的研究与开发项目，制定相关发明和其他知识产权保护政策，如为发明申请专利、获得专利的发明实施许可，以及对有商业潜力的专利进行维护①。

（6）根据国防部 5535.8 制定政策，使实验室有权许可、分配或放弃知识财产的权利以及分配使用费和其他收入。

（7）为支持与国内技术转移活动有关的任务提供资金，并保证国内技术转移计划拥有足够的工作人员和财力，特别注意给予科学、工程、法律和研究与技术应用办公室等涉及技术转移人员的薪金和旅差费，包括与启动和/或谈判合作研究与开发协议和其他协议有关的成本及费用。

（8）根据美国法典第 15 编第 3710（c）条的要求，保障研究与技术应用办公室或国内技术转移中心开展所有技术转移。

（9）允许利用有伙伴关系的中介机构，为国内技术转移提供支持；授予国防部实验室的领导可对其权力进行再委托。

（10）保证实验室主管通过计划、预算和执行，使国内技术转移成为实验室科学与技术计划的高度优先的部分；鼓励实验室，包括靠技术自愿者的帮助，向可适用的州和地方政府、教育系统和其他机构提供技术协助服务。

3. 基层实验室管理机构

基层实验室是指国防部所属的联邦实验室，负责开展基层技术转移工作。对于联邦实验室及其科研人员在技术转移方面的责任，联邦法律和国防部政策从机构设置、任务说明、职业发展、绩效评价等方面进行了系统规定。在机构设置方面，根据规定，每个联邦实验室均应设立技术转移办公室，负责本单位技术转移的管理工作②。

---

① 杨尚洪．美国国防领域知识产权管理与技术转移的做法与启示［J］．中国科技论坛，2017，4：188-194.

② 马名杰．美国建立国防技术转移体系的做法及启示［J］．国防科技工业，2007，5：66-69.

第二节 英国国防技术转移管理体系

一、国防技术转移局

英国国防部设立了国防技术转移局（DDA），冷战结束后，为使国防科技和民用科技中的尖端技术实现充分融合，英国于1991年成立了国防研究局（DRA），主要负责研究各军种常规武器装备基础技术，并致力于将科学技术应用于国防领域，下设皇家航空航天研究院、皇家武器研究和发展研究院、海军研究院、皇家信息和雷达研究院、皇家军械研究院和9个信息中心。1995年，该局与除核武器以外的所有国防科研试验与鉴定机构（包括国防试验和鉴定局、生化防务研究所和国防分析研究中心）进行了合并①，形成国防鉴定与研究局（DERA），主要任务是统管国防研究工作，包括将国防科技向民用方向转化。

1999年，英国国防部组织成立国防技术转移局，对英国国防领域的技术转移工作进行统一领导管理（DDA），负责促进军用技术和民用技术之间的转化应用，提升各级科技中介机构和科研机构共同促进、推动、实施国防技术转移活动。重点是民用技术转军用，现设于国防部武器装备与保障总署之下，主要职责包括：对民营高科技公司掌握的高新技术进行调查、评估和遴选，促进优势民用技术转化为军用；在科研方面，加强与民营科研机构的合作，尽可能多地与之签订科研合作；鼓励有实力的民营企业研发军民两用技术和制造军民两用产品，政府将予以适当资助；开展“公私合作”，利用民企的成熟技术和经验来提升国防资源的利用效率②。自此，英国国防部技术转化政策由传统的军转民模式转变为民参军模式③。成立之初，DDA在组织结构上隶属于英国国防鉴定与研究总局，DDA局长通过英国国防鉴定与研究总局管理委员会向国务大臣汇报工作。国防技术转移局在全国各地设立26个办公室，每个办公室设有一个或多个技术转移主任，负责领导国防技术的转化应用和商业开发等工作，并帮助企业向国防部提供技术成果④。

---

① 汤珊红，曹宽增，秦利，等．英国国防科技信息管理体制和保障体系研究［J］．情报理论与实践，2006（4）：508-512.

② 王丽顺，张代顺．英国国防技术转移管理的现状及特点［J］．国防科技工业，2012（12）：44-45.

③ 傅光平．以国际视野看军民融合发展Ⅱ［EB/OL］．https：//www.sohu.com/a/308234468_760770.

④ 吕景舜，赵中华，李志阳．国外军民协同创新与技术转移措施研究［J］．卫星应用，2016（7）：26-32.

2007 年 4 月，英国国防部经历了国防管理体制改革的里程碑事件：国防采购局（DPA）和国防后勤局（DLO）合并，组建成立了国防装备与保障总署（DE&S），实现了装备研制、采购与保障的集中统一管理和项目管理层次的一元化管理，避免了不同机构各自为政的职责分工。同年，英国政府经与工业界、国防贸易协会和其他协会讨论，决定关闭 DDA，因为随着国防技术多元化已经成功广泛融入各个机构，不再需要一个专门的机构去鼓励多元化，DDA 存在的必要性已大大削弱，但这并不代表对军民技术转移工作的不重视，其仍然是英国国防工业战略中的重要因素。

二、奎内蒂克公司

2001 年 7 月 1 日，英国继续对国防科研机构进行改革，将主管 DDA 的国防鉴定与研究局实施私有化改革，改革后的国防鉴定与研究总局分为国防科学技术研究院（DSTL）和奎内蒂克公司（QinefiQ Ltd）。DSTL 拥有原国防鉴定与研究总局 1/4 的人员，成为英国国防部直属科研机构，主管国防部的科研业务。QinefiQ 则拥有其 3/4 的科研力量，并在 2003 年 2 月实现完全私有化经营，政府在其中有大量股份，但仍需根据市场规律和通行商业法则进行运作，自主开发国防技术，通过商业激励直接转移应用到民用市场，自主参与市场竞争。一般来说，与经营有关的知识产权转到 QinetiQ，而国防部保留广泛的使用权，使得国防部能够继续为非商业的国防目的使用知识产权。相反，与 DSTL 业务有关的知识产权则仍由 DSTL 代表国防部管理。国防部和 DSTL 之间的任务安排根据“业务安排条款”（TOBA）继续遵循原有的 DERA 程序进行。QinetiQ 已经是独立于国防部外的法律实体，其分配任务安排是以单独法律约束合同形式实现，它由根据国防部向该公司授权协议而下达的一个或几个任务分配指令组成。从知识产权角度看，特别重要的是，QinetiQ 在与国防部处理业务时，要提出公平合理的建议，避免利益冲突，并对国防部提供的信息加以保密。TOBA 主导着 DSTL 和国防部之间的关系。DSTL 并不具备独立于国防部的法律地位，所以“合同”并不适用于其所做的工作。但是 DSTL 是国防部内的一个独立的行政实体，所以趋于将 DSTL 看作与承包商一样的知识产权拥有人。因此，DSTL 为国防部所做的工作就是按照知识产权的 DEFCON 的 DRA（DERA 的前身）版本预期条款完成的，尽管这样做在国防部的两者之间并无法律强制力。

三、国防技术中心

2002 年 2 月，英国国防部提出，通过向英国科技界择优招标的方式，与民用部门的科研公司合作，共同出资组建从事国防基础研究的国防技术中心（DTC），这是继英国国防鉴定与研究总局私有化改革后，英国国防部在国防科研领域进行的又一次重大改革。根据该倡议，英国国防部计划分 2 批组建 6 个 DTC，首批 3 个 DTC 组建工作于 2002 年 2 月通过招标方式进行，技术领域涉及数据与信息融合、人机工效集成、电磁遥感等，2003 年初正式成立。第 2 批 3 个 DTC 于 2005 年 6 月组建完毕。DTC 作为英国国防部与私营企业共同出资组建国防研究开发机构，主要负责开发具有国防用途的基础研究和军民两用技术，由英国国防部派代表参与机构的日常管理工作。英国国防部根据和合作方达成的合同，按照开发进度采用阶段性拨款方式，每年向每个国防技术中心投资 500 万英镑。DTC 根据英国国防部投资水平和研究基础制定相应的发展战略与计划，并进行合同费用和合同期限的筹划。英国国防部组成审查委员会对 DTC 进行管理，审查委员会由英国国防部、国防科学咨询委员会成员，以及入选科研机构代表组成，以确保维护各方利益。英国军方、工业界和学术界都在从 DTC 开发的创新未来技术中获益。

经过多年的战略调整和私有化改革，英国国防科研形成了以 DSTL 为核心，以 DSTL 及 QinetiQ 公司为主体，以政府科研机构、工业界科研机构和大学科研机构为依托的“小核心，大外围”格局，通过 DSTL 的知识产权公司——犁铧创新有限公司、英国国防技术中心，以及 QinetiQ 公司管理的国防实验设施，民用资源在国防领域实现了共享和转移①。

第三节　日本国防技术转移管理体系

第二次世界大战后，日本的军事力量发展受到多方面的限制，很少有国有科研机构专门从事军事技术研发工作，因此，国防技术转移的需求不大。20 世纪 80 年代，日本开始倡导建立开放、共享的科研环境，鼓励日本各层级科研机构开展科学技术转移转化工作。进入 21 世纪，日本防卫省的国防技术转移工作才开始。日本的国防技术转移主要体现在产权归日本防卫省所有的军用技术向民用领域转移，即军转民②。

① 申畯．国外国防技术转移现状研究［J］．军民两用技术与产品，2014，6：14-18.

② 申畯．国外国防技术转移现状研究［J］．军民两用技术与产品，2014，6：14-18.

日本的国防技术转移管理自上而上涉及多个机构。内阁总理大臣是国防组织的最高领导人和自卫队的最高统帅，对自卫队行使最高指挥监督权；内阁会议是国防问题的最高决策机构，负责对提交国会审议的有关国防问题的法律草案、预算草案作出决定，制定有关政令，决定有关国防的重大方针和计划；安全保障会议是国防问题的最高审议机构；防卫厅是在内阁总理大臣直接领导下处理国防事务的行政机关，直属总理府，其厅长由内阁总理大臣任命，在内阁总理大臣的指挥与监督下领导防卫厅的工作，并通过海陆空自卫队参谋长指挥自卫队，有关国防科技的规划计划和其他重大事项，均由防卫厅审批，必要时召开装备审议会审议；防卫厅下属的技术战略部负责推动武器装备方面的官产学三方合作，促进军民两用技术发展；防卫省下属的技术研究本部负责管理日本防卫科研计划，也是日本军队唯一的科研机构，防卫省长官是其直接领导，负责组织开展防卫省保密级别较高的项目，如果可以通过招标形式直接取得民间研发成果，则将项目下放到民间企业，技术研究本部只保留因保密原因不得不开展的课题。在业务上与采购实施本部、国立科研机构、大学等开展合作开发和密切协作，另外，技术研究本部还负责武器装备的研究、发展、试验与鉴定工作，以及跟踪技术发展进程，鉴别并确定民用技术的引进等①。

从事国防领域相关研究的国立科研机构是日本国防技术转移的主体，其开展的研究具有很强的军民两用性，在研究过程中会与日本防卫省技术研究本部进行合作。日本防卫企业则是日本军民科技资源共享的最大参与者，日本防卫企业可以通过各类行业协会了解日本军方需求，在科技开发资源共享的大环境下，方便直接或间接利用日本各类科研成果和科研设施②。

2021 年，防卫省在防卫厅技术战略部新设“先进技术战略官”和“技术合作推进官”两大职位，前者负责国内外前沿技术趋势调研和相关研发企划分析，后者负责推动大学、企业、研究机构等先进研究成果运用，加快构建先进技术在国防领域转化应用体制。2021 年 4 月，在防卫政策局新设“经济安全保障情报企划官”，负责有军用潜力尖端技术的情报收集和保护，严防日本技术情报泄露。防卫省还计划 2022 年在防卫装备技术厅设置“技术政策总括官”，强化国防科技政策管理，加强对战略产业链的保护。

① 马岭．我国现行宪法中的军事权规范［J］．上海政法学院学报（法治论丛），2011，2：7-21．马杰．日本国防科技工业管理体制和运行机制［J］．国防科技工业，2008，8：51-54．

② 申畯，哈悦，陈皓，等．国外国防技术转移现状研究［J］．军民两用技术与产品，2014（6）：8-12．

第四节　俄罗斯国防技术转移管理体系

俄罗斯国防部负责武器装备发展的规划计划、费用以及采购管理，国防科学技术由国防部统一归口管理，通过招标的方式向国防科研院所、设计局、军工综合体和生产企业等单位下达有关国防科技方面的任务。俄罗斯的国防科研体系主要由4个层次的科研机构组成：一是国家级科研机构，如巴拉诺夫中央航空发动机研究院等，这是俄罗斯国防科研各领域的主要力量；二是为各行业服务的部门级国防科研机构，科研机构国家不为其拨款，其研究经费主要通过合同方式获得；三是各企业集团自身的科研机构，经费主要来源于企业；四是大学科研机构，主要开展基础性研究，并且以合同方式承接国防企业和研究院的科研项目。

国防部武装力量装备部负责开展武器装备科研和生产。俄罗斯的四大军种均下设有装备技术部，负责根据本军种的需求组织开展武器的战术和技术论证，向国防部武装力量装备部提出战术技术任务书，围绕部队的装备需求开展预研工作，对投产前的新武器装备进行严格的试验等。

在国防工业领域，能军能民是俄罗斯国防工业的发展方向，因此，俄罗斯在重视军品生产的同时，更加重视民品的生产，在国防科技发展选择上向两用技术靠拢，并积极促进军用技术与民用技术的双向交流，在俄罗斯的军工系统中，70%以上的技术属于两用技术。

1992年颁布的《俄罗斯联邦国防工业军转民法》规定，俄罗斯联邦工业部是国家军转民规划的组织、制定和执行单位，设立国家军转民基金会，该基金的来源和拨款程序由俄罗斯人民代表会议在批准俄罗斯政府预算时予以确定。

1992年，俄罗斯建立了军转民问题委员会；在乌拉尔和伏尔加河流域，大多数州及行政机关甚至某些城市建立了军转民和科技政策委员会，负责研制和开发军转民技术①。

2003年，普京政府成立了隶属于国防部的国防订货委员会，旨在加强联邦政府与生产企业之间的沟通。2006年，普京批准建立直接向总统负责的国防科技工业委员会，负责管理俄罗斯军事工业集团及其发展项目，严格督导各

① 范肇臻．俄罗斯国防工业“军转民”政策视角研究［J］．边疆经济与文化，2012（4）：10-11.

级对政府决议的执行情况①。

在政策层面，俄罗斯工业与贸易部组织成立了跨部门的军民两用高新技术创新与转化中心，负责搜集、保存和共享高新技术创新信息，对军民两用科研试验结果进行评估，减少资源浪费、提高军民两用高新技术创新与转化的透明度和效率②。

俄罗斯为促进军民融合成果转化，在组织机构、生产、管理等方面进行了一系列的改革，集合研究所、工厂、企业、金融、贸易等集团的资源，成立集科研、设计、试验、生产、销售和融资等紧密结合为一体的金融-工业集团，这类集团自筹资金、自负盈亏、自主经营、独立核算，实行专业化的生产。同时还组织建立了军民联合集团，不仅承担武器研制计划，还承担生产科技含量高的军品任务，在国内外市场上开展两用技术产品的竞争，促进科技成果产业化，最终实现军用产品与民用产品双向转移转化③。

① 杜人淮．俄罗斯国防工业发展的军民融合战略［J］．海外投资与出口信贷，2019，3：22-26.

② 李洁，张代平．俄罗斯推动装备建设军民融合的主要做法［J］．国防，2014（5）：4-6.

③ 杜兰英．发达国家军民融合的经验与启示［J］．科技进步与对策，2011，23：132-136.

第五章　国外国防技术转移机构

第一节　美国国防技术转移机构

一、技术转移办公室

1991年，美国国防部成立了“技术转移办公室”（OTT），现隶属于国防研究与工程副部长办公室，负责与能源部、商务部等部门协调管理国防部的军民两用技术转移工作，包括制定技术转移和两用技术发展战略、管理性政策法规、技术转移计划①。

1993年，美国为“技术再投资计划”（TRP）的协调沟通组织成立了跨部门的“国防技术转移委员会”（the Defence Technology Conversion Council，DTCC），该委员会由军队、商务部、能源部、运输部、国家航空航天局（NASA）以及国家科学基金会（NSF）等组成，国防部高级研究计划局（DARPA）局长担任委员会的主席，负责指导协调军民一体化和技术转移工作②。

二、国防创新单元

国防创新单元（Defense Innovation Unit，DIU）原名为国防创新实验小组（Defense Innovation Unit Experimental，DIUx），于2015年8月成立，是美国国防部的技术商业化中心，是国防部组织创建的第一个与非传统公司建立联系并签订合同的组织，开创了其他交易协议（OTA）的使用方式，在硅谷、波士顿和奥斯汀都设有分支机构，主要负责将民间的新兴前沿技术纳入

---

① 叶选挺．美国推动军民融合的发展模式及对我国的启示［J］．国防技术基础，2007，4：36，45-48.

② 国务院发展研究中心“军民融合产业发展政策研究”课题组．美国推进国防科技工业军民融合发展的经验与启示［J］．发展研究，2019（2）：14-18.

晏湘涛，闫宏，匡兴华．美国技术再投资计划的运作和启示［J］．军民两用技术与产品，2005，9：4-6.

国防部，为国防创新注入新鲜的血液，使美军能够持续保持技术优势，相当于民转军①。

近年来，DIU在人工智能、自主性、网络、能源、人因系统和太空技术等商业技术领先的关键领域，加速推进原型样机开发和技术转移。截至2022年3月，该机构已向国防部转移45项商业解决方案，且方案在1~2年能实现快速部署应用。

该机构取得成绩的原因是其拥有很多与众不同的特点：一是管理层级高，先后由国防部长、负责研究与工程的副部长领导，在决策链路段缩短了决策时间；二是在人事任命、合同执行等方面有很多特权，聘用人员的流程短，强调快速，合同签订大幅放权，500万元以内的合同由小组自己签订；三是采用“商业解决方案开放征集”流程和“其他交易授权”合同签订方式，这种灵活高效的商业采办做法有利于加速尖端商业技术的国防应用；四是宽容失败，从鼓励创新的角度允许失败；五是广泛设立地方机构，促进初创企业和国防部用户的交流互动；六是注重军民两用，制定更加灵活的需求和开发计划，促进军民协调发展，特别是与风险投资公司加强合作。

DIU的运行基于以下流程：地方公司提出具有创新性的想法—DIU认可后给予少部分资金—DIU加大投入—地方公司引入风险投资—国防部将民间资本产生的新技术为己所用—地方公司获得军方订单，这种方式使地方企业、军方和风险投资者都获益。该机构首创了“商业解决方案开放征集”流程，常用“其他交易授权”签订合同，这种流程和合同方式的结合可使商业方案能够快速进入原型设计、试验与交付等阶段。

DIU非常重视采办人员能力的培训。为了将这种高效灵活的商业采办方式向全军推广，加速尖端商业技术向国防部转移，DIU从2022年开始每年举办一期“沉浸式商业采办计划”，通过从美国国防部各军种遴选优秀的合同签订官，在国防采办大学进行为期1年的“商业解决方案开放征集”流程和“其他交易授权”相关知识培训，为各军种培育一批商业采办专家，使其更灵活、更快速地采办更新、更好的商业技术，为武器装备发展提供更好的选择，为作战人员提供有力支撑。第一期于2022年10月开始，从陆海空三军共招录了4名学员参加。2023年5月1日，该机构和国防采办大学联合启动第二期并发布学员招募程序，2023年10月开始实施。在学员遴选方面，该计划采取竞争择优的方式，从国防部军事和文职机构中遴选优秀的合

---

① 蔡天恒．加速采办，美军重启并扩大冷战产物——“其他交易授权”的使用[OL/OB]．https：//mp. ofweek. com/security/a345683223746，2019-09-18.

同签订官参加，每期学员最多不超过6人，申请参加的人员必须是现役军人或政府终身制文职人员，还必须提交个人简历、主管推荐信和意向书。在培训内容方面，该计划采取知识授课与项目实践相结合的模式，学员通过国防采办大学的“国防采办证书计划”，参加其他交易授权相关课程学习，然后与DIU的合同签订官、项目团队以及商业公司一起开展项目实践，全程参与商业解决方案，开放征集流程的每个环节，实际运用各种不同的新采办工具和方法，在项目实践中学习和积累商业采办相关经验。学员完成项目实践后，必须在此基础上制定一个类似的采办培训计划，回到所在军种单位，全力推广实施这种做法，后续还可能将培训内容扩展到其他采办领域，如项目管理、财务和法律等相关知识。

美国国防创新单元成立以来，效果十分显著，各军种纷纷效仿，持续组建新型国防科技创新机构。2019年2月，美国海军组织成立了“海军探索敏捷性”办公室，在技术发现、工程设计、成果转化等各个方面，采用快速样机制造、其他交易协议及中间层采办等50多种非传统采办方法，旨在提升海军对任务的敏捷性反应。2019年4月，陆军将快速能力办公室更名为快速能力与关键技术办公室，主要负责电子战、网络以及定位导航与授时三大任务领域，更名的新办公室将业务领域拓展到陆军六大现代化优先事项①。

三、国防部高级研究计划局

国防部高级研究计划局（DARPA）成立于1958年2月，最初的使用是为了推动国防领域的技术创新，防止对手的技术突袭，为此，DARPA聚焦技术突破与颠覆性的创新工作，资助军方、私人企业和科研院所积极开展相关研究。

（1）对接过程。技术转移的动力来源于军事和商业双重需求。DARPA在项目未正式立项启动前，经常召开讨论会，邀请未来重要潜在客户参与项目会议及阶段检测等环节（但不分担/不分享项目经费），确保该项目完成后能顺利接手进入产业化。一旦DARPA的研究计划或者项目被正式批准，项目经理就着手遴选研究方案。除少数拥有显著军事背景的项目外，DARPA会将大部分的研究计划和研究项目等信息向全社会公开发布，以在最广范围内找到最佳解决方案。发布信息由项目经理负责，发布内容包括研究项目的技术性能、进

① 张代平，卢胜军，魏俊峰，等.2019年世界主要国家国防科技管理的若干战略举措与动向[OL/OB]. https://www.sohu.com/a/365233037_635792 ,2020-01-07.

度和成本等要求。项目经理通过多种形式与提出申请的单位和个人进行沟通，以确认其技术途径是否具有可能性，必要时还会组织研讨会邀请专家共同探讨。对初步符合条件的方案，申请人需要再次提交更为详细的方案，DARPA对详细方案组织更为严格的评审，最后由项目经理从这些申请中选定中标方案。通常情况下，DARPA很少支持单项技术，重点是尽量支持有助于实现核心目标的技术群①。

（2）模式创新。DARPA一直在尝试多样化的、灵活的策略来寻求创新技术解决方案，如不定期组织“无人车辆城市挑战赛”“机器人奥林匹克挑战赛”“寻找气球大奖赛”等各种竞争性的挑战赛，为获得冠军的团队或个体发放比赛奖金，以最小的经济和时间成本遴选出所需的创新人才团队和技术解决方案。另外，DARPA利用互联网的便利，采取“众包”模式②对复杂任务进行分解，然后分配给具有技术优势的民间力量。

（3）转化流程。DARPA认为，如果不能应用于军事领域或整个社会，即便最具创新性和最有前景的新想法也不能够“改变世界”。这就是为什么每一个DARPA项目都致力于将创新想法、理论、原型等推向实际应用。项目经理的作用是在新技术成功演示和商业开发与实际应用之间搭建起一座桥梁。DARPA一直将成果的有效转移和应用作为其工作的核心目标，作为高效的资源整合和转化器，依赖一套完善的流程将产学研等各方面的力量汇聚在一起，有效地降低技术转移带来的风险，促使私营部门愿意进行产品研发方面的投资。DARPA适应性执行办公室（AEO）负责对技术转移工作给予资源和专业知识指导，在整个项目过程中与项目经理始终保持互动，有助于他们将创新设想与设计实用性和产品制造等相结合，以便更好地应用到军队或社会实践中。一方面，采用各种措施强力推介成果。项目研究结束后，非涉密的成果放到公开网站发布，欢迎各方进行技术转移洽谈，DARPA会从中挑选出一个最优秀的公司（最好是参与过前期项目研究的公司），将研究成果免费给该公司去利用（因为美国法律规定美国政府不能与民争利），实现产业化，必要时，有些项目研究人员甚至项目经理可参与/帮助产业化过程；为促使项目成果能够得到三军的认可，DARPA采取了“用户至上”的现代企业推销办法，从项目立项起的全过程加强成果转化工作，始终以应用为目标，而不是先有科技成果，再去搞转化。例如，在开发新技术之初就与接受该系统的军种签订谅解备忘

---

① 杨芳娟．颠覆性技术创新项目的组织实施与管理——基于DARPA的分析［J］．科学学研究，2019，8：101-110.

② “众包”是借助大众的想法、灵感和知识等完成某项工作的一种组织劳动力的全新方式．

录，确保样机最终能够向军种转移应用；通过“演示日”使产、学、研、用各类创新主体碰撞、交流；甚至借助国防部高层的权威力量，大力推动新技术产品进入军方采办程序等。另一方面，针对不同类型的项目采取了不同的转化方式。例如，对于元器件和基础技术，按“DARPA 下达计划—工业界产品开发—生产列装”等流程进行转化，DARPA 将项目资金的 97%直接投向大学和工业界等研究机构，以提高企业生产这些产品和使用这些技术的意愿，促进新的工业能力形成，随着项目逐渐转化为新的工业能力，组织增加基础性技术储备，创造多种可供选择的潜在应用方案；对于部件和小型系统技术，按“DARPA 计划—军种科研—概念和技术开发—系统演示验证—生产列装”流程转化，DARPA 将项目资金的 70% 拨给各军种，由军种的研究机构作为 DARPA 的代理与承研单位签订合同，并负责监管，以培养潜在技术用户并引导这些技术顺利纳入军种采办计划；大型综合系统项目，按照“DARPA 计划—概念和技术开发—系统演示验证—生产列装”的流程转化，在项目启动之前同接受该系统的军种签署谅解备忘录，确保样机能够向军种的转移应用，同时积极争取国防部对该项目的投资。此外，为更深入地推动成果转化，DARPA 还制订了军种参谋长计划和作战联络员计划两项人员交流计划，通过互派联络员，DARPA 与国防部以及各军种之间建立了人员交流制度，不仅增加了各部门对 DARPA 工作的了解，也使彼此能就成果转化问题进行开放式交流①。

（4）投资引入。为了促进技术成果快速产业化，DARPA 积极鼓励相关基金和风险投资公司介入相关技术转移工作，如美国中小企业创新基金、IN-Q-TEL 风险投资公司等，实现技术、金融资本的快速捆绑，建立起国家引导投资与民间资本跟随投资相结合的商业模式。

四、第三方服务机构

美国国防技术转移第三方服务机构大体分为两类，即非营利性机构和行业组织，前者包括美国标准技术研究院（NIST）、美国国家技术转移中心（NT-TC）、美国联邦实验室技术转移联盟（FLC）、美国国家技术信息中心（NTIS）等，由政府确定每个机构的业务范围和经费来源；后者包括大学技术经理人联合会（AUTM）、技术转移协会（NTS）、许可执行协会（LES）等，承担第三

① 文雯，张刚，叶昕．从美军 DARPA 思考我国航天事业创新发展［C］．南京：第八届中国卫星导航学术年会论文集-S12 政策法规、标准化及知识产权，2017：25-31.

方中介服务工作[1]。

（1）美国标准技术研究院（NIST）。该研究院依法将盖瑟斯堡、马里兰、博尔德、科罗拉多的研究和测试设备向参与合作与专利研发的企业开放。美国能源部认为，该研究院为企业提供了很多具有代表性的资源来支持技术转移。例如，私营企业可以使用价值1000亿美元的10个国家实验室和许多其他的实验室及其中的专业设备；私营企业可以与约6万名具有高端技能和经验的科学家、工程师及技术人员一起工作，可以使用数以千计的可授权专利和软件包，可以获得支持技术转移的研发投入[2]。

（2）美国联邦实验室技术转移联盟（FLC）。该机构的前身是技术利用办公室，1971年由美国海军武器中心成立，后迅速扩展为国防部实验室联盟，专门从事技术转移工作，后来美国国家航空航天局等部门携其下属实验室加入该联盟，并定名为“国家联邦实验室技术转移联盟”，是美国国家实验室技术转移和成果转化的主要促进者。自成立以来，该联盟在转移平台搭建、技术成果与产业界的对接、人才培训、政策宣讲等方面开展了一系列卓有成效的工作，是美国“公共部门技术转移的典范”，目前已成为全美300多家国有科研机构科技成果转移转化的核心平台。联盟主要通过以下方式提升国家实验室技术转移能力、提升技术转移成效：一是打造信息沟通交流平台，有效地汇集和展示各个国家实验室的能力和成果，使得全社会更便捷、更有效地了解实验室的能力和成果，如技术搜索平台、FLC商业综合性数据库和交互式网站，能够提供免费一站式在线技术商店，供所有需求方在线检索国家实验室的特定类型的可用技术，查询感兴趣的国家实验室项目、能力、方案、设施和其他资源，同时为用户提供实用的技术转移协议模板，技术查询软件工具和成功的技术转移参考案例等；二是搭建“供”与“需”的对接平台，设有技术情报交流中心，负责处理关于技术援助的请求，促进联邦实验室的研究部门与技术应用部门之间的交流和合作；三是构建“线上社区”，线上、线下一体化为全球各类技术转移相关组织、专业机构和个人提供了社交媒体和论坛，供参与者寻找潜在的合作伙伴；四是通过出版物、新闻、社会媒体等，向产业界和社会推介国家实验室的技术成果，并展示成果转化的成功案例；五是培育技术转移“中间力量”，着力培育社会化的技术转移转化机构、提升成

---

① 杨尚洪，李斌，王然，等．美国国防领域知识产权管理与技术转移的做法与启示［J］．中国科技论坛，2017（4）：186-192.

② 赵辉．美国联邦机构技术转移机制初探［J］．全球科技经济瞭望，2017（10）：21-28.

员单位转移人员和部门的能力。例如，FLC 为 300 多家成员实验室提供技术转移培训教育计划和资源，每年举办 4 次以上的成员单位技术转移人员实务培训①。

(3) 美国国家技术信息中心（NTIS）。该中心设有一个联邦专利授权办公室，其职责是鼓励联邦机构评估各自的技术报告，识别这些项目的商业应用；专门负责提供一系列特色信息产品，帮助非联邦机构了解联邦政府科技资源情况，方便非联邦机构使用联邦资源，加速联邦技术的转移转化。这些信息产品包括：①《小企业创新资源计划指南》，该指南介绍了超过 50 家联邦政府和 85 家州政府的办公室，这些办公室帮助小企业将技术推向市场；②《联邦技术资源目录》，该目录介绍了联邦机构及其实验室提供的特殊技术资源，包括专家、可共享的设备、技术信息中心、软件资源、信息分析中心等；③《联邦技术目录》，每年出版一次，汇集了国家技术信息服务中心技术注释（NTIS' TechNotes）上全年发布的 1200 项新技术的索引；④《可获得的政府发明授权年度目录》，包含 1200 项专利，以及超过 40 个主题分类下的专利应用②。

2017 年 7 月，国防部技术转移培训小组（DoD T2 Training Workshop）在得克萨斯州举办了研讨会，致力于研究新的战略、分享国防技术转移中的经验教训和最佳实践、解决技术转移中的问题，并就大家关注的问题达成一致意见，该小组由技术转移专家组成，包括实验室的研究与技术应用人员、知识产权代理人和负责技术转移的工作人员。

除此以外，很多科研机构也建立了内部的技术转移办公室。例如，国家航空航天局的技术转移机构体系比较完善，成立了由总法律顾问办公室、首席技术专家办公室、首席总工程师办公室、知识产权管理部门组成的质量控制小组，分工负责技术转移工作③。在总部层面，首席技术专家办公室负责国家航空航天局向民营部门的技术转移和其他技术商业化工作；监察长办公室负责技术转移工作计划和年度总结的审查及提出建议；技术创新委员会提供与技术转移相关的专家咨询建议；总法律顾问办公室负责技术转移中相关的知识产权法律事务；小企业计划办公室负责小企业创新研究计划（SBIR）和小企业技术转移计划（STFR）的管理；国家航空航天局下属的 10 个航天中心均设立了技术转移办公室，在总部各职能部门的协调管理下，由各中心的首席技术专家负

① 王雪莹．美国国家实验室技术转移联盟的经验与启示［J］．科技中国，2018（11）：17-19.

② 赵辉．美国联邦机构技术转移机制初探［J］．全球科技经济瞭望，2017（10）：21-28.

③ 赵辉．美国联邦机构技术转移机制初探［J］．全球科技经济瞭望，2017（10）：21-28.

责，参与整个科研项目全过程的知识产权管理工作[①]。在分支机构层面，国家航空航天局下设6个技术转移中心，组织与协助美国工业界参与、利用和商业化国家航空航天局的研究项目及技术[②]。

第二节　英国国防技术转移机构

一、英国技术集团

英国技术集团（British Technology Group，BTG）的前身是1949年由政府组建的国家研究开发公司。1981年，该公司与国家企业联盟合并，成立了英国技术集团，总部设在伦敦，在美国费城、日本东京设有分支机构，后私有化并于1995年在伦敦股票交易所上市，其业务领域是医学商业化，通过采取一系列措施拓宽技术来源，从最初着眼于国内市场，主要依靠研究院所和大学，发展成长为今天的国际公司，75%以上的收入来自英国以外的业务，使技术转移国际化，成为世界上最大的专门从事技术转移的科技中介机构。

该集团长期致力于从市场需要出发挑选技术项目，通过有效的手段把技术推向市场，主要目标是实现技术的商品化，包括寻找、筛选和获得技术、评估技术成果、进行专利保护、协助进行技术的商业化开发、市场包装、转让技术、监控转让技术进展等；基本任务是推动新技术的转移和开发工作，尤其是促进大学、工业界、研究理事会以及政府部门研究机构的科技成果的产业化和商品化，包括提供商业支持，鼓励私营部门的技术创新投资和扶持中小企业[③]。该集团运行方式非常成功，即“技术开发—技术推广—技术转移—技术商业化再开发—技术转让或投产”等技术转化全过程运行机制，充分发挥了开发在成果转化中的纽带和促进作用[④]。英国技术集团的雇员都是具有技术和商业知识的人才，其中半数以上是科学家、工程师、专利代理、律师和会计师等。

---

① 李萍，淦述荣，周子彦 . NASA 的技术转移体系及其启示［J］. 航天工业管理，2015（6）：36-41.

② 赵辉 . 美国联邦机构技术转移机制初探［J］. 全球科技经济瞭望，2017（10）：21-28.

③ 李志军 . 透视英国技术集团的技术转移［J］. 新经济导刊，2003（11）：76-80.

④ 莫唯，陈华钊 . 欧洲典型技术转移机构运行模式及启示［J］. 科技创新发展战略研究，2023（7）：28-37.

二、犁铧创新有限公司

英国国防科学技术研究院（DSTL）是英国国防部直属科研机构，由国防部直接投资和管理，主要开展英国国防专用技术攻关，同时将一部分极具民用价值的非密军用技术推向市场。2005 年，DSTL 成立了专门的市场拓展公司——犁铧创新有限公司，以进行国防知识产权技术转移工作。该公司为 DSTL 研发的技术提供知识产权保护，通过授权许可、孵化子公司、合作研究、合资等方式在民用领域推广各项国防技术，成果类型包括专利、软件、商标、设计权等，业务范围涉及光电技术、身份认证、网络安全、信息处理等领域。根据 DSTL 发布的 2012 年度报告，2005—2012 年，犁铧创新公司已授权超过 75 项技术专利，通过合资或分拆的方式成立了以民用为主的 ProKyma 科技公司、Enigma 分析公司以及 p2i 创新公司等新企业。犁铧创新公司的成立加强了 DSTL 的行业合作，既满足了英国国防部的特定需求，又有效地推动了先进技术在军用领域和民用领域之间的快速转移。

三、防务技术公司

1985 年秋，英国政府和金融机构共同推动组建了防务技术公司，旨在推进国防技术转移，其做法是主动联系军队科研单位的人员，了解其是否拥有具有商业化前景的技术，尤其是目前没有具体应用指向的技术，并将其介绍给相关的民间企业，在掌握技术的军队科研人员和有开发能力的商业企业之间架起了一座桥梁，充当了信息沟通平台。成立 4 年内，该公司就建立了 400 多项具有商业转化前景的技术档案，成功实现了 30 多项技术的转移转化，金额高达 4000 多万英镑①。

四、防务与安全加速器

2016 年 12 月，英国国防科学技术研究院正式启动了防务与安全加速器（DASA）计划。该创新计划强化国防部与新型及现有伙伴合作关系，合理化改变国防部的创新文化。防务与安全加速器取代国防企业中心（CDE），并在其基础上更进一步支持广泛的创新工作，帮助供应商克服研发的障碍，包括识别具有国防和安全应用技术和洞察力的组织，然后用资金和专业知识支持其发展，合作的组织包括英国国防承包商、中小企业和学术界，确保英国充分利用创新者维持优势。项目识别主要通过一般提案征集、研讨会、黑客马拉松以及

① 张连超．英国军工技术转移的效益与途径［J］．技术经济信息，1991（10）：39-40.

公开和主题竞赛来完成。一旦确定了项目，DASA 将提供 100% 的资金（没有匹配要求），快速走完审批流程，并保留所有知识产权的权利。DASA 早期项目通过私人和学术伙伴关系，侧重于医学、物流和人工智能，例如，将应用于系统健康诊断的人工智能技术应用于皇家海军的维修，以及用于先进止血带。过去 8 年，DASA 签署 1000 多项合同，其中 43%授予中小企业，29%授予大型企业，还有 28%授予大学。

五、联合部队司令部创新中心

联合部队司令部创新中心（jHub）在联合部队司令部下运作，识别司令部的内部需求，并将其与来自私营部门的潜在前沿技术解决方案进行匹配，通过为成熟的私营部门产品提供资金，并在试点阶段加速这些产品的开发，从而支持军事应用技术的发展，然后将有前途的候选产品提交司令部的创新委员会进行审查并进一步提供资金。该中心专注于传统国防工业重点和能力之外的技术，主要涉及 6 个领域的新数字技术，即人工智能、自主性、数据分析、模拟、行为科学和区块链，其目标是后期创新，试图识别传统防御领域之外为军事应用开发的成熟技术。

该中心雇佣军方和民用“创新侦察员”，寻找私营部门有前景的技术，以及在司令部内部的潜在应用，通常包括 4 个步骤：快速评估问题与供应商解决方案之间的匹配程度，评估项目的可行性，试用产品 1~6 个月，提交给司令部创新委员会进行评审①。

第三节　日本国防技术转移机构

日本防卫省下属的技术研究本部于 1958 年 5 月在原来技术研究所的基础上组建起来，负责收集军民两用技术信息，并协调将这些技术进行转移转化，如技术研究本部曾对日本光学、电子学和指挥自动化技术系统进行集成，并与军品承包商共同将军民两用技术部署至武器系统中。

作为推动军民两用技术转移的机构之一，经济产业省监管着 15 个实验室和服务于技术创新及数量众多的原创性研究项目，这些实验室负责支撑私营企业无法完成的先进技术研发，研制的先进技术能够迅速转用于民品生产，如日本三菱重工、三菱电机、川崎重工、日本电气、三井造船等，这些企业要在军工采购合同约束下接受技术研究本部的安排和指导，这种与地方民营企业合作

① 英国国防创新生态系统研究[EB/OL]. http://www.zgcjm.org/newsInfo?id=1448,2019-07-19.

的方式促进了先进民用技术的发展，并将其应用到国防装备中[①]。技术研究本部正在或已经将大量世界领先的机器人技术、计算机模拟技术、数字模拟技术、建模与仿真技术等尖端技术应用于军工科研领域，其军工科研能力蕴藏着巨大的潜力。

日本军工企业技术研究机构拥有大量的军工企业科研院所，它们有些军工科研能力远远超过日本军方，并且比日本军方拥有更悠久的军工科研历史。日本国防工业的各领域、各行业在技术研发与运用时，绝大部分军用、民用装备采用相同的标准，军民通用性强，那些平时用来生产汽车、空调、手机的技术，到了战时就能用来生产坦克、导弹、雷达等“战争利器”[②]。

第四节 俄罗斯国防技术转移机构

2012 年 10 月 16 日，俄罗斯总统普京签署俄罗斯联邦《先期研究基金会法》，明确成立“先期研究基金会”，这是一个国家层面的前沿技术研发管理机构，相当于美国的国防预先研究计划局，旨在资助并组织高风险全新技术的研发工作，消除军事科技和国防工业总体停滞导致的俄与西方国家在前沿技术领域的差距，维持与西方发达国家间的战略平衡，保障国家和国防安全。

《先期研究基金会法》明确，先期研究基金会是俄罗斯联邦依据国家法律程序成立的独立法人，直接对总统负责。基金会的活动宗旨是保障俄罗斯国防工业发展和国家安全的科学研究与开发研制，促进军事和社会经济领域高风险、全新技术的研发。事实上，该基金会以项目合作形式组织协调军地各部门、机构和企业开展高风险、高回报、突破性研究工作并负责促进成果转化应用。

2013 年初，基金会的预算、编制和领导得到确定，至此基金会正式开始启动业务。为保证项目顺利开展，基金会在主要军工企业、联邦科研机构和高校内部成立了 35 个实验室。随着预算逐年提高和国家持续予以的重任，先期研究基金会积极部署未来工作重点，陆续开展包括开发光电子图像信息量提升技术、研制适用于高精度武器装备智能系统的混合多功能

---

① 宋文文．日本推动军民两用技术转移的主要做法及启示［J］．军民两用技术与产品，2018（6）：53-57.

② 刘俊彪．“藏军于民”的日本国防工业发展模式［J］．军事文摘，2020（3）：53-57.

3D 集成芯片在内的一系列新项目，全力为巩固国防和国家安全做好先期技术储备。

截至 2020 年 8 月，基金会审议的创新想法和项目申请累计超过 3500 项，批准实施 105 项，完成 80 多项，在深海潜航器、作战机器人等方面取得重要成果。2020 年，基金会着眼于提升项目质量规模、需求匹配度和成果转化速度，主动将年度项目总数削减近半（保持 25~30 个），增加大型项目数量，加强项目过程跟踪和可行性评估，选出 9 个重点项目与国防部实施联合跟踪，并叫停 4 个难以实现预期结果的项目①。

① 马婧，赵超阳．2020 年俄罗斯国防科技管理领域发展综述[EB/OL]. https://www.163.com/dy/article/G39E5FH10515E1BM.html,2021-02-20.

第六章　国外国防技术转移计划

第一节　美国国防技术转移计划

国防部指令 5535.03《国防部国内技术转移计划》明确指出："国内技术转移是国防部维护国家安全核心任务必不可少的组成部分，也是国防部实验室的核心任务。"

美国国会高度重视技术转化问题，1996 年以来授权国防部启动了近 20 个旨在推动技术转化的项目。美国国防部出台了一系列国防技术转移计划，建立起完善的机制，并通过计划提供了大量资金，促进了国防技术的进一步成熟，具备应用于武器装备的能力，提升了作战能力。从管理者角度看，美国国防部的技术转移计划可以分为 3 类：国防部单独管理的计划；军种单独管理的计划；国防部和军种共同管理的计划。从计划制定者的角度看，可以分为联邦法律层次的计划和国防部制度的计划两类。国防部的计划由国防部长办公室（OSD）负责，军种的计划由陆海空相应部门负责。

一、联邦法律层次的计划

联邦法律层次的计划包括小企业创新研究计划（SBIR）小企业技术转移计划（SBTT）和《技术转移计划》，这是每个联邦机构必须执行的法定计划。

（1）小企业创新研究计划（SBIR）。该计划是根据美国 1982 年《小企业技术创新法》制定和实施的，旨在促进技术创新，提高联邦研发的成果走向商业化的可能性，提高小企业参加联邦政府资助的研发项目的比例，鼓励少数族裔和弱势企业积极参与技术创新。该计划规定美国国防部、NASA、能源部、国家科学基金会等科技主管部门，每年必须拨出一定比例的研究开发经费用于支持小企业的技术创新，解决高科技小企业创新时通常面临的资金短缺、信息不灵等问题，同时从小企业处寻找美军需要的技术解决方案，资助周期为 3 年半以内，每项资助金额不超过 165 万美元。该计划的资金来自联邦机构预留的储备金，其外部研究预算超过 1 亿美元（包括国防部）。参加 SBIR 计划的单位要满足以下条件：公司必须是美国营利性小型企业，员工人数不超过 500 人，并且必须完成2/3的研究或分析工作；工作必须在美国进行；首席研究员（研究员）必须将其50%以上的时间用于小型企业。在知识产权方面，小企业奖获得者对其开发的技术资料拥有完全的权利，但SBIR资料权利向政府提供了将资料用于政府目的的免使用费许可。尽管存在一些例外情况，但一般而言，政府不得向支持服务承包商以外的任何人发布或披露SBIR资料。SBIR权利在SBIR合同完成5年后到期，届时通常转换为无限权利。2023年中旬，美国陆军通过该计划寻求敏感、现场可编程门阵列系统的数字擦除技术，防止被遗弃或一次性使用的军事设备含有的技术被对手通过逆向工程方式获取，以保护陆军的专有信息。

（2）小企业技术转移计划（STTR）。小企业技术转移计划（Small Business Technology Transfer Research Program，STTR）是另一项针对小企业的联邦政府科技计划，旨在为合作研发项目提供早期研发资金，其中小型企业与非营利研究机构（如大学）合作，将研究成果推向市场。该计划主要由美国国防部、NASA、能源部、国家科学基金会等科技主管部门组织实施，根据规定，这5个联邦部门和机构每年需要留出一定比例的研发资金，用于资助小企业和非营利性研究机构的合作研究，其目的是对小企业（或其他研究机构）已经获得的先进技术提供二次应用开发资助，促进技术转移实现，促使更多技术能够完成实用化和商业化过程，实现国家、企业和研发人员的多方共赢。该项目的资金来自联邦机构（包括国防部）拨出的储备金，这些机构的外部研究预算超过10亿美元。5个联邦部门和机构设计研发主题，小企业必须与大学、非营利研究机构、教育机构等共同申报项目。小企业由于生存压力和组织结构灵活，其创新性比较强，有些技术甚至处于行业领先，但是由于企业规模小、研发和转化成产品的能力较弱，在武器装备竞争性采购中并不占优势，为了提高小企业前端的研究能力和后端的技术转化能力，美国联邦政府通过实行小企业技术转移计划促进先进技术更好地向中小企业转移。参与计划的单位必须满足以下条件：必须是一家员工人数不大于500的美国营利性小企业，研究机构没有规模限制；研究机构必须是美国学院或大学、联邦资助的研究与开发中心（FFRDC）或非营利研究机构；工作必须在美国进行；首席研究员可能受雇于小型企业或研究机构。2012财年，各机构的经费预留比例由最初的不少于0.15%提高至0.3%；1998—2010财年资助了1400个项目，平均每年近500个项目；2015财年，STTR总经费投入2.63亿美元。国防部的项目管理者认为STTR弥补了基础研究与研制项目之间衔接的断层①。美国国防部于2000年1

① STTR：An Assessment of the Small Business Technology Transfer Program［EB/OL］. http://www.nap.edu/catalog/21826/sttr-an-assessment-of-the-small-business-technology-transfer-program.

月4日开放“小企业技术转移计划”的申请通道，在2000年为合作性研究和开发工作拨款3000万美元，要求申请者必须为美国所有、以盈利为目的、员工不多于500名的公司。自1994年以来，该计划已向小企业和研究机构资助了超过1.2亿美元的经费。例如，2020年美国陆军为22个项目授予价值16.65万美元的小企业技术转移计划第一阶段合同，为期3个月，旨在进行项目可行性研究，以确定是否具有技术和商业价值，涉及的项目包括高频无线电干扰、不依赖GPS的定位导航、用于极高频卫星通信的相控阵天线、毫米波战术网络通信、边缘传感器处理、自适应战术通信等技术主题①。在知识产权方面，合同授予之前，小企业合作伙伴和研究机构签署一份知识产权协议，确定如何共享技术资料的权利。

（3）技术转移计划。公共法107-314中的第1401章节为《技术转移计划》，于2002年12月生效，旨在提高国防部的技术和保障能力，主要目标包括4个：①提高联邦、州与地方的应急反应和公共安全部门的能力；②为国防部的设备和技术转移到应急反应部门开发一个高效、有效和协调顺畅的流程；③提高国防部与联邦、州和当地应急反应人员之间的兼容性及互操作性，针对高优先级的技术、项目和设备在研究、开发、测试与评估等方面开展合作；④通过为国防部国土防御和民事支持战略列出的国防部“赋能”活动助力，在国家层面支持应急人员。美国通过该计划设置了各种各样的项目，为州和地方应急人员提供设备、技术和培训，包括强制性的项目、国防部倡议、技术专家领域、个人成功的支持倡议案例。强制性的项目中关于设备转移的有：第1033章中规定的由国防后勤局负责的用于执法的国防部剩余资产转移；第1122章通过联邦采购渠道开展的禁毒的设备和用品转移；第1706章中国防部和美国林务局负责的用于消防和应急服务的多余资产转移；第803章中规定的国防部和国土安全部反恐合同，以及其他白宫行政管理和预算局指示。国防部倡议分为两个部分：消防和应急服务计划；机器人系统池。前者由费城国防供应中心负责，允许通过主要供应商计划购买软管、呼吸器、个人防护装备等；后者由国防部联合机器人计划资助，为小型移动机器人的评估和实验提供机会。技术专家领域，涉及4个计划：互操作通信技术援助计划（Interoperable Communications Technical Assistance Program，ICTAP），由圣地亚哥空间和海战系统中心（Space and Naval Warfare Systems Center，SPAWAR）负责管理，该计划利用通信资产调查和测绘工具（Communication Asset Survey & Mapping

① 每日动态：人工智能监管原则/小企业技术转移计划/俄新武器清单［EB/OL］. https://www.sohu.com/a/366791959_635792，2020-01-14.

Tool, CASM）帮助超过 75 个州、城市和大都市地区制定和实施区域通信计划，主要处理互操作性问题，包括治理和规划、技术需求和解决方案，以及实施和培训；商业设备直接援助计划（Commercial Equipment Direct Assistance Program, CEDAP），该计划由位于亚利桑那州华丘卡堡的美国陆军负责管理，为未被城市地区安全倡议资助的特选小型农村司法管辖区提供技术、设备、培训和技术援助，如化学检测设备、传感器设备、个人防护设备等；国内应急装备技术援助计划（Domestic Preparedness Equipment Technical Assistance Program, DPETAP）由位于松树崖兵工厂的美国陆军负责管理，流动小组免费提供现场技术援助，以帮助急救人员更好地选择、操作和维护放射、化学和生物设备；国土防御设备再利用计划（Homeland Defense Equipment Reuse Program, HDER），由国土安全部、能源部、美国海军和健康物理学会联合管理，该计划免费为应急响应机构提供多余的放射性检测仪器和其他设备、培训及长期技术支持。成功的支持倡议案例包括无人机系统（UAS）、PAN-TALON 机器人、区域信息联合感知网络（RIJAN）、急救人员识别卡（FRAC）等。

二、国防部制定的技术转移计划

美国国防部主导的技术转移计划涉及军转民、民转军和军民两用等各个方面，“国内技术转移计划”和“两用技术开发计划”是指导国防部门开展技术转移的两个主计划①，这两个计划还派生出一系列子计划，包括技术再投资计划、两用科学技术计划、独立研究开发计划、商业运作和支持节约动议计划、商业技术嵌入计划、技术成果转化倡议、制造技术（ManTech）计划、指导计划、国外对比测试（FCT）计划、先期技术演示（ATD）计划、先期概念技术演示（ACTD）计划、联合能力技术演示（JCTD）计划、国防采办挑战（DAC）计划、快速反应基金（QRF）计划、超快反应基金（RRF）计划、快速创新基金（RIF）计划等。其中，后 6 个技术转移计划由国防部单独管理、国防部长办公室主导，目的是促进成熟技术的试验验证和开发应用，为武器装备建设发展提供新的解决方案。

（1）技术再投资计划。技术再投资计划于 1992 年提出、1993 年正式实施，是美国国防领域内大规模开发军民两用技术的重要计划，是指将削减下来的国防费用再次投资于国防技术领域以开发军民两用技术，使得一些并非完全

① HUSAINE. Department of Defense Directive 5105.73: Defense Technical Information Center [R]. Washington: United States Department of Defense, 2013.

军标的军民两用技术也能够得到经费支持①。这种做法实现了“三赢”：对于军方来说，得到了成本低、性能高的新军用技术；对于企业而言，将国防技术转移到民用市场，实现了经济效益最大化；对于国家来说，实现了国家国防工业基础军、民品生产一体化，总体实现了资源最大范围的最优化配置。

（2）制造技术计划设立于 1956 年，资助周期和金额不定，致力于发展国防必须的制造技术、促进先进技术快速低风险应用于新型武器系统以及延长现有武器系统使用寿命，已滚动实施 60 余年，为保持美国军力优势做出了巨大贡献。根据《美国法典》第 10 编第 4841 条，该计划提供资金以实现两个目标：通过为军事部门和国防机构提供集中的指导和方向指引，削减采购和保障性成本，缩短制造时间；国防部重点支持对国防至关重要的先进制造技术的开发和应用。根据国防部指令 4200.15，该计划投资旨在用于工业“不愿或不能”投入私人资金建立的制造技术，并使其及时可用。该项目由各军种部长、国防后勤局和国防部长办公室管理。各军种的转化率不一，最高是陆军和空军，接近 80%，最低是海军，约 57%。2022 年 4 月 6 日，美国国防部研究与工程副部长兼首席技术官徐若冰在参议院军事委员会上作证词表示，为了推进商业企业开发国防所需技术，制造技术计划下设和运营 9 个制造创新研究所，致力于支持美国制造业生态系统在机器人、增材制造、生物等方面的技术开发与创新，谋求改变大学当前的制造业人才教育方式，帮助企业进一步识别行业未来技能需求；同时，进一步降低小企业创新研究计划和小企业技术转移计划的支持门槛，加强与小企业组织或协会的接触，以进一步了解小企业所面临困难并采取综合措施协助解决②。

（3）新兴能力技术开发（ECTD）计划。ECTD 计划支持新兴能力和未来威胁的开发原型，为用户开发降低风险的技术原型和尖端的陆地、海洋、空中及空间演示系统，包括新兴非正规战争技术的概念开发。为了提高技术准备水平，该项目可以承受更多的风险。该计划的参与者包括作战司令部（COCOM）、军种、国防部和其他联邦机构、工业界和学术界。重点领域包括电磁频谱灵活性，定向能，低成本空间访问，无人驾驶的空中、地面和水下系统，大规模毁灭性打击武器，徒步士兵系统，安装/基地效率、保障和保护③。

---

① 晏湘涛，闫宏，匡兴华．技术再投资计划：美国军民两用技术计划的形成与完善［C］．南京：第 8 届全国青年管理科学与系统科学学术会议论文集，2005：151-157.

② 闫哲，穆玉苹．美国防部研究与工程副部长阐述国防科技重点工作［EB/OL］．https://m.163.com/dy/article/HCTEH4U10515E3KM.html，2022-07-22.

③ DoD ManTech：美国国防部制造技术规划十年成果（2008~2017）［J］．国防制造技术，2021，1：51.

（4）快速反应特别项目（QRSP）计划。QRSP 计划解决了阿富汗作战以外的非常规战争的开发和作战原型问题，支持开发反访问/区域拒止（A2/AD）能力的传统原型。该计划资助高优先级、短时间的技术演示，以应对执行年期间出现的新对手威胁。项目参与者包括服务机构、COCOM、政府实验室、情报和其他联邦机构、学术界和工业界。重点领域包括支持低成本、占地面积小的作战行动，混合战争，大规模毁灭性打击武器，人道主义援助/救灾，自主系统和多域技术，电子战/电子防护。

（5）国外对比测试（Foreign Comparative Testing，FCT）计划。设立于 1980 年，资助周期小于 2 年，每项资助金额不到 200 万美元，转化率达到 73%，其目的是识别、评估和应用其他国家开发的、满足美国军事需求的先进技术或产品，旨在增强联盟的互操作性，增加竞争，并加速将经济高效的技术引入采办计划，如利用瑞典开发的手掌大小的无人机增强了战场监视与侦察能力。项目参与者包括美国陆军部和国防局科技和采办项目经理、外国大使馆和国防合作办公室、美国、联盟和工业实验室。

（6）联合能力技术演示（JCTD）计划。设立于 1994 年，资助周期为 3 年内，每项资助金额不定，其目的是通过成熟的技术原型演示转化到采办项目或者应用到作战，以满足作战指挥部的联合作战需求，因此，转化率高达 80%。近年来，该计划注重提高跨部门的联合采办能力，针对联合作战需求做了进一步改进和优化，尤其是进一步优化技术转移机制，将技术演示验证周期从 3~4 年缩短为 1~3 年，改进了跨部门联合采办方式，联合作战司令部的介入则更深入，以更好地满足联合作战需要。

（7）快速反应基金（QRF）计划。设立于 2002 年，资助周期为 1 年以内，每项资助金额为 300 万美元以内，资助的对象是高优先级任务和短期技术开发工作，旨在应对新威胁，并促进常规军事力量迫切需求的满足，转化率为 70%左右[①]。

（8）超快反应基金（RRF）计划。设立于 2004 年，资助周期为 6~18 个月，每项资助金额为 50 万美元以内，其目的是确定并发展短期军事能力，支持非常规作战需求，转化率为 65%左右。

（9）快速创新基金（RIF）计划。该基金计划于 2011 年设立，由国防部研究与工程副部长办公室下属的小企业与技术合作伙伴办公室统管，陆海空三军下设快速创新基金项目执行办公室，分别由陆军研究与技术助理部长帮办办公室、海军研究局、空军全寿命周期管理中心负责管理。该基金主要推动小企

---

① 燕志琴. 美国国防部技术转化计划的管理及启示，科技导报，2021，22：21-29.

业开发的、较为成熟的技术概念快速转化至军事系统或采办项目，重点关注小企业创新研究计划和小企业技术转移计划中产生的、已具备应用部署条件的创新技术，通常资助样机的最终研发、试验、鉴定与集成，技术成熟度限定在6~9级，部分突破性能力或颠覆性技术可放宽至4~5级。资助周期一般为2年以内，资助规模不超过300万美元。该基金虽主要针对小企业设立，但实施中具备灵活性，可视情为其他创新企业、外企等提供机会。快速创新基金的运作流程包括两个步骤：一是国防部在联邦合同授予网发布跨部门公告（BAA，Broad Agency Announcement）①，拟参与竞标企业按要求提交5页白皮书和1页方案概况说明，由国防部评估后确定是否进入下阶段；二是国防部邀请晋级企业提交完整提案，并对其技术防范/资质及与国防部需求的契合度、进度和成本等进行审查，评分最高者获得资助合同，并公示结果。2020年，美国国防部对快速创新基金进行效益评估，结果显示其技术转化率高达57%，在推动小企业创新技术军事应用转化方面成效显著。2023年1月，美国国防部发布《小企业战略》，指出快速创新基金为小企业创造了更多机会。也有分析人士认为，快速创新基金是美国国防部快速资助、交付创新技术解决方案的典范。2019财年，因美国国防部科研体制调整，该基金终止运行。2023年2月，美国国防部计划重新启动该基金，有助于各类创新公司，尤其是小企业获得资助，促进其创新技术跨越“死亡之谷”，实现国防技术从原型向生产转化。

（10）国防采办挑战（DAC）计划。设立于2002年，资助周期小于2年，每项资助金额不到200万美元，其目的是资助处于研发后期的技术和商业产品，加速国防部科学技术向采办项目转化，因此其转化率高达80%。

三、海军单独管理的计划

海军单独管理5项技术转移计划，包括未来海军能力（FNC）计划、快速技术转化（RTT）计划、沼泽工作和试验（SW/Exp）计划、技术解决方案（TS）计划、节约技术嵌入（TIPS）计划。

（1）未来海军能力计划设立于1999年，资助周期为3~5年，每项资助周期不定，其目的是寻求满足军事需求的最佳技术解决方案，争取在5年内通过采办项目交付技术产品，转化率高达86%。

（2）快速技术转化计划设立于2000年，资助周期在2年内，每项资助金

① BAA（Broad Agency Announcement），即“跨部门公告”，是由美政府和军方机构根据国家发展和安全需要，面向全社会发布的一种项目研究建议申请公告，发布渠道为《商务日报》、联邦资助网站或国防部商业机遇网站等，公告中包含项目编号、具体投资机构、申请截至日期、申请要求、申请书格式等信息，申请者可通过网站或邮寄的方式提交申请。

额不超过200万美元，支持技术向舰队、部队和采办项目快速转化，转化率在62%左右。

（3）沼泽工作和试验计划设立于2000年，资助周期在1年内的资助金额大约在100万元美元以内，资助周期为1~2年的，资助金额在100~200万美元，其目的同上，转化率为75%。

（4）技术解决方案计划设立于2001年，资助周期为1年，每项资助金额不到100万美元，转化率为75%。

（5）节约技术嵌入计划设立于2004年，资助周期2年以内，每项资助金额不到200万美元，转化率为70%。

四、陆军单独管理的计划

陆军单独管理4项技术转移计划，包括快速装备部队（REF）计划、陆军技术目标演示验证（ATO-D）计划、技术能力演示验证（TECD）计划、技术成熟倡议（TMI）计划。

（1）快速装备部队计划设立于2003年，资助周期仅为3~6个月，每项资助金额不到100万美元，其目的是从现有的科技中寻找需要开发、测试或者两者兼备的技术，以及可立即交付作战人员以填补能力缺口的现成技术，转化率为56%。

（2）陆军技术目标演示验证计划设立于2005年，资助周期为2~4年，每项资助金额不定，转化率为83%。

（3）技术能力演示验证计划设立于2011年，资助周期为3~5年，资助金额不定，其目的是替代陆军技术目标演示（ATO-D），从开始就将高层领导意见纳入科技决策，更加注重能力，规划如何将技术转化为作战能力。

（4）技术成熟倡议计划设立于2012年，资助周期和金额根据实际情况，目的是鼓励科技界和采办界建立更牢固的伙伴关系。

五、空军单独管理的计划

空军单独管理3项技术转移计划，包括先期技术演示验证（ACTD）计划、核心进程3（CP3）计划、旗舰能力概念（FCC）计划。

（1）先期技术演示验证计划设立于1999年，资助周期为6年以内，每项资助金额不定，目的是提供技术转化机会。

（2）核心进程3计划设立于2005年，资助周期为1年左右，每项资助金额220万美元，用于空军内部紧急需求的快速响应，转化率为80%左右。

（3）旗舰能力概念计划设立于2011年，资助周期为6年以内，每项资助金额不定，目的是确保实现空军高层领导以及主要司令部关于技术向采办项目转化的承诺①。

六、小结

可以看出，美军不遗余力地吸纳先进民用技术，但是从2023年7月国防创新委员会提交的《治理“死亡之谷”》报告看，这些计划的实施没有达到预期的效果，从投资侧（从技术研发到原型样机）、中间谷（从原型样机到产品化）和采购侧（规模化生产与采购）等方面都存在问题。

从投资侧看，一是投资效益不佳。小企业创新研究计划未能产生良好的军事效益，原因有以下3点：①成果转化率低，过去10年，只有16%获得美国防部小企业创新研究计划资助的公司赢得了第三阶段的合同，真正实现了成果转化应用；②投资回报率低，16%获得第三阶段合同的公司中，61%的公司所得合同收入比其在第一、二阶段获得的资金投入要低，意味着对其投资回报率为负值；③资源分配不合理，大部分资助被少数转化潜力低的公司长年抢占，获得资助时间超过20年的20家企业中，只有4家公司获得转化收益。二是市场潜力利用不足。私营公司试图抢占更大的国防市场，但国防部却没有为此制定军事需求、采办规划、预算，并在军事需求和商业需求之间进行权衡，导致军民协同发展受阻，国防购买力下降，商业信任被抹杀。三是产品与市场的契合度欠缺考虑。美国国防部的小企业创新研究计划、小企业技术转移计划和实验室研发投资转化率低，无法在国防市场上验证价值，致使私人投资商难以判断其是否具有两用投资价值、未能充分介入。四是投资层次不高。美国国防部通过上述计划在原型设计方面下了太多的“小项目”，在产品化方面缺乏系统分层投资，国防部实验室研发的大多数项目都是“撒胡椒面”，无法产生战略影响，即使实现转化，规模也很小，不具有颠覆性。五是研究内容重复，美国国防部实验室研发技术与商业技术存在重叠，可能会与初创企业形成竞争。六是投资管理不善。一方面，没有为投资业务配备足够的人员并提供专业培训，资金拨付会因事项调整而存在不确定性，投资决策也无法预见，导致公司难以制定合理的发展计划；另一方面，没有广泛采用现代化开发方法，特别是敏捷软件开发、数字工程和开放式模块架构等，现代化开发方法有助于初创企业更容易为复杂系统开发子组件，同时确保其安全性和合规性。

① 燕志琴，刘瑜，杨超，等．美国国防部技术转化计划的管理及启示［J］．科技导报，2021（22）：19-27.

从中间谷看，一是产品化资助不足，美国国防部小企业创新研究计划和小企业技术转移计划对资助额度有明确规定，如美国空军竞争性战略融资计划资助经费最高为6000万美元，其中小企业创新研究计划配套资金不能超过1500万美元，不足以支撑国防部所需大部分技术实现产品化；二是产品化后仍面临生存危机，根据美国国防现行的规划、计划、预算和执行制度，采办资金实际拨付到位时间要比国防预算晚2~3年，导致初创企业在实现产品化后仍将面临巨大资金缺口。

从采购侧看，一是新技术重视不足，数十年来，美国国防部的采购计划绝大部分用于装备维护，对新技术不够重视，导致很多有潜力的初创企业被拒之门外，不利于发展更加多样化、更具活力的国防工业基础；二是国防部监督过多，美国国防部设有大量采办人员负责检查他人工作错误，以规避各种风险，不利于促进创新；三是市场调研不充分，现行国防采购的市场调研只停留在合规性检查上，调研资源也严重不足，如项目资金到位不及时等问题导致创新需走特殊渠道进入国防部系统，不利于国防创新生态的健康发展；四是信息技术落后，整个国防部的信息系统和运行授权做法大多已过时，需采用行业最佳惯例，特别是采用开放式、模块化、可扩展的架构，建立军事化的物联网，以利用商业公司的先进两用软件技术等。

第二节　其他国家国防技术转移计划

英国在基础科研发展中，高度重视加强与大学、工业界等产学研机构的合作，以政府和民间共同投资的方式推动科研活动，充分利用民间的资本和创新成果，通过中小企业发展、与贸工部开展联合科研等方式促进国防技术的双向转移，包括英国政府中小企业研究计划、英国知识转移计划、国防鉴定与研究总局承担的贸工部民用航空研究与技术验证计划、国防部主持的国防部与贸工部联合科研计划等。

一、英国国防部技术转移计划

1992年，英国国防部国防鉴定与研究总局组织实施先进研究“探路者”计划（Pathfinder），以加强与军外研究力量的信息交流。具体办法是：国防鉴定与研究总局每年举行一次“‘探路者’情况通报会”，通报国防部对军事需求的看法，提供研究新兴科学技术和武器系统方案的机会，据此将该局的研究计划向国防企业公开，争取和民间企业合作，促进先进技术从概念验证、技术验证的早期技术阶段转化到早期商业阶段。对于获得国防部批准的项目提案，国防鉴定与研究总局为相关企业提供科研经费，以确保研究成果同时能满足企业商业化经营的战略需求。

1996 年，英国国防部实行“灯塔”计划，推动国防鉴定与研究总局与工业界和学术界之间的合作。

英国“外单位研究”指的是国防鉴定与研究总局的所有科研分包合同，分包对象包括其他科研机构、中小型企业以及承担国防研究与发展的重要公司。目前，国防鉴定与研究总局每年分包给外单位的科研经费高达 1.7 亿英镑，该局的目标是将其全部科研任务分包给外单位。

二、日本国防技术转移计划

日本防卫装备厅“安全保障技术研究”制度实施 8 年来，在推动尖端技术研发上发挥重要作用，该制度通过面向企业、研究机构、大学等公开招募具有新颖性、独创性、变革性创意的民用先进技术项目，不断提高国防技术成熟度，助推国防领域的未来发展。截至 2021 年 11 月已累计采纳 118 个研究项目，其中 2021 年度采纳项目达到 23 项，超过历年水平，年度投资高达 101 亿日元。

三、俄罗斯国防技术转移计划

1993 年 6 月 3 日，俄罗斯政府颁布了《1993—1995 年俄联邦国防工业“军转民”计划》，建议最大限度地保留国防企业员工和科技潜力，保证国家整体经济的发展。该计划包含了民用航空技术发展计划、俄罗斯舰队复兴计划等 14 类计划。1995 年 12 月，俄罗斯联邦制定了《1995—1997 年国防工业军转民专项计划》，组织研制和批量生产具有高科技含量并有竞争力的民用产品，对从军工生产精简下来的职工提高社会保障，创造条件吸引私人投资来开发民用产品等①。俄罗斯政府通过《俄罗斯联邦国防工业转产专项计划》进一步确立了军转民工作的目标和任务，组织开展了一系列重大两用技术计划，包括技术再投资计划、两用技术应用计划、高科技计划，涉及民航、动力、医疗、电子、通信和信息、原子能、建筑、化工与轻工等领域的民品发展②。

此外，希腊则通过 PRAXE 计划支持研究人员将其创意转化为商业活动、通过 ELEFTHO 计划支持私人投资者开展孵化活动，其中，PRAXE 计划已经

---

① 顾伟. 俄罗斯军民融合法规建设的特点及启示 [J]. 军事经济研究，2014(2)：55-58.

② 范肇臻. 俄罗斯国防工业“寓军于民”实践及对我国的启示 [J]. 东北亚论坛，2011，1：86-93.

为大约 30 个项目提供了财政支持，促进大学教授和公共研究中心的研究人员将其研究成果和科学知识转化为可市场化的产品原型与商业计划，而这些可能会吸引风险资本家或其他类型投资者的投资兴趣。加拿大则主要通过拨款委员会知识产权管理计划、卫生研究院的原理验证及其伙伴计划、自然科学与工程研究理事会的概念——创新计划等直接支持自主创新成果的产业化[①]。

2017 年，法国政府表示，将于年底与法国国有银行 BPI 设立投资基金。该基金初始额为 5 亿欧元（约合 6 亿美元），将与现有 RAPID 计划（5000 万欧元，约合 6000 万美元）一起运作，从而更好地资助中小企业开展军民两用项目。可以看出，支持中小企业发展已成为近年来各国促进本土研发工作的重点[②]。

① 张嵎喆．自主创新成果产业化的内涵和国外实践［J］．经济理论与经济管理，2010，5：61-66.

② 彭奕云．法国将设立面向中小企业的国防创新基金［EB/OL］. https://www.163.com/news/article/CTQJUB49000187VE.html，2017-09-08.

第七章 国外国防技术转移方式

根据国防部指令5535.8《国防部技术转移计划》，美国国防部采用的技术转移方式包括联合研发协议（PIA）[①]、合同、合作中介协议、教育伙伴关系、人员交流、技术数据交流、赠款、其他交易协议、与大学的伙伴关系、使用设施、提供国防部实验室成果互联网检索服务、专利转让、专利许可协议和其他知识产权许可协议、技术论文展示、技术援助及技术评估等。这些方式基本囊括了各个国家采用的技术转移方式。

第一节 其他交易授权

美国国防部可以通过两种主要方式获得它想要的技术或来自工业界的新想法。它可以向一个具有一般资质的联合体发送跨机构公告并征求想法，或者可以使用美国国防部设立的组织主动寻找能够解决具体问题的公司。

冷战结束以来，越来越多比较重要的研发工作从政府赞助逐渐转化为商业领域赞助，6家顶级商业研发公司的投资总和就相当于整个国防部的研发费用。因此，国防部不得不追求拓展“技术创新来源”，此举获得国会支持。其他交易授权（Other Transaction Authority，OTA）应运而生，其关键作用是引进非传统承包商，因为关键创新越来越多地出现在商业领域。

OTA是经国会授权的一种强有力的采办工具，是国防部用于研究和开发采购的工具，不同于拨款、合同或合作研究协定，它是通过签订协议的方式，吸引拥有创新想法和解决方案的创新型商业企业、非传统国防承包商[②]参与到政府或国防的研发或采办活动中，同时允许利用私营部门已开发完成的、有军事效用的产品，以降低国防部投资总额、减少研发时间、快速具备部署能力，在国防部获取前沿技术等方面起到积极的作用。

---

① 联合研发协议（CRADA）。利用该协议提高研发能力，转移联合或独立开发的技术，以增强国防能力和民用经济。联合研发协议中的研发、谈判和改进成本及费用应通过实验室资源解决。

② 美国法典第10卷2302（9）节定义了非传统国防承包商，是指一个实体当前或最近一年内没有参与国防部招标，该招标的任何合同或子合同都遵从完整的成本审计标准。这一定义是2016财年NDAA授权生效的。

OTA最大的两个特点：一是规避了大部分现有的经费管理、国防采办等方面的法律法规，如“采购诚信法”中“禁止采办官员从公司获取礼品”、“无毒品工作场所法”中要求“联邦承包商提供无毒品工作场所作为合同的先决条件”、“合同竞争法”中要求“对价值超过25000美元的合同进行全面和公开的竞争”、“合同纠纷法”中“处理对公司和政府滥用职权的索赔”等；二是仅对合同和乙方进行最少的约束，并给予国防部经费开支等方面的最大自由决定权[①]，据统计，大部分美国国防采办人员平均需要使用4775页的政策、条例和最佳实践开展工作，而那些利用OTA开展原型项目的人员仅需要参照约65页的文件[②]。

1958年，在苏联发射第一颗人造地球卫星后，美国国会首次赋予国家航空航天局签订“其他交易”协议的权力，目的是促进航天领域科学技术的快速发展，达到赶上苏联的目的。随后，其他7个主要从事国家和国防安全活动的联邦机构得到了OTA，包括国防部、联邦航空局、交通部、国土安全部、运输安全管理局、卫生署和人类服务部、能源部等，其中美国国防部是1989年获得此权力，首次使用该权利的是DARPA，该部门与国土安全部是使用OTA最多的部门[③]。将此权力扩大到国防部的目的，是为了吸引聚焦商业市场的创新公司把技术提供给国防部，而不受会使它们丧失商业市场竞争力的政府条例的限制。1991年，技术投资协议（TIA）的授权被扩大到整个国防部。1994年，在DARPA的要求下，国会扩大了OT权力，允许美国国防部不必遵守通常的采购流程进行原型项目的开发。权限的扩大使得DARPA可以将OT应用到更广泛的项目上去，在发展的道路上又前进了一步。例如，1994年“全球鹰”无人驾驶飞行器第一期的合同，不同于许多政府合同的长篇大论，只针对应有的相关性能有两页的描述：在普遍应有的性能之外，该半自动设备将可以到达60000英尺的地方，可以空中悬浮24小时。该项目的唯一要求是整台设备在购买时总价不超过1000万美元。至于如何在实现这些性能的同时将总价控制到1000万美元以内完全由承包商自己操作。该合同安排促成了工作快速高效地展开。传统的空军项目可能需要20年以上才能实现应用，但

---

① 蔡天恒．加速采办！美军重启并扩大冷战产物——“其他交易授权”的使用［EB/OL］. https://www.sohu.com/a/341657046_613206,2019-09-18 09:17.
胡冬云．美国科技政策中“其他交易授权”及其评价研究［J］．全球科技经济瞭望，2009(4)：59-63.

② 蔡天恒．加速采办！美军重启并扩大冷战产物——“其他交易授权”的使用［EB/OL］. https://www.sohu.com/a/341657046_613206,2019-09-18.

③ 胡冬云．美国科技政策中“其他交易授权”及其评价研究［J］．全球科技经济瞭望，2009(4)：59-63.

“全球鹰”项目在7年内完成，然后就被迅速应用到美国空军当中。1996年，美国国会把原型OT权力扩大到整个国防部。

在国防部内，“其他交易”涉及基础研究和原型项目两类，前者称为技术投资协议（TIA），美国联邦法规（CFR）将其定义为“用来促进或保障研究的辅助工具”；后者称为原型其他交易①。可以看出，在美国军内外，“其他交易”主要针对的是原型类项目，技术成熟度相对较高，有望进入产品研发或者装备制造等阶段，技术转移的特征比较明显，参与的商业企业或者非传统承包商积极性比较高，因此，也成为了近年来国防采办领域比较成熟的、通常采用的采办工具。OTA合同就是这一理念的体现，核心思想是给予合同签订官、国防采办官较大的灵活性，“依情而行”选择遵守或不遵守国防采办相关法律规定，同各类创新主体开展交易。目前，OTA已成为美国国防部引入先进民用技术的一种主要合同类型②。

美国联邦法律规定了国防部可以使用OTA的4种情况：一是至少有一家非传统国防承包商或非营利性研究机构为“重大”参与者③；二是所有重大参与者都是小企业或非传统承包商；三是原型项目总成本的至少1/3来自非政府来源的资金；四是国防采办执行官确定“特殊情况”，以书面形式证明“传统的合同形式不可行或不合适”，或可以扩大国防供应商范围，就可以将OTA授予任何公司。

2019年，美国国防部扩大使用OTA的应用范围，在国防部和军种国防科技领域得到广泛应用。5月，美国国防信息系统局采用OTA样机合同模式，发布《量子抗密码学原型白皮书》信息征求书，该机构将与优选出的承包商签订OTA样机合同。美国国防部联合人工智能中心、DARPA、国防创新小组，均采用OTA协议，快速引入商业创新技术，加快人工智能能力在短期内交付。4月23日，美国陆军采用OTA协议，将5份“未来攻击侦察机”设计合同授予AVX飞机公司/L-3公司团队、贝尔直升机公司、波音公司、凯瑞姆飞机公司，以及西科斯基公司，要求在1年内完成项目概念评审、需求制定及建议书评审等工作。采用OTA，扩大政府部门可利用的工业基础，以灵活、

① 蔡天恒．加速采办！美军重启并扩大冷战产物——“其他交易授权”的使用［EB/OL］. https://www.sohu.com/a/341657046_613206,2019-09-18.

② 闫哲，孙兴村，白旭尧．美国防部增加“其他交易授权”的使用．https://www.163.com/dy/article/F9VDC5TQ0515E3KM.html，2020-04-11.

③ 法律没有给出重大参与的定义。它包括而不限于参与者满足以下特点：降低了装备的成本或削减了进度；提升了原型的性能；负责一个新的关键部件、技术或关键路径上的流程；完成的工作在整个工作量中占有重大比例。参与者获得的资金不应作为分析重大参与程度的焦点，分析结果必须被文档所记录。

快速、经济的方式开展项目研发和部署①。

美国政府承包信息网 2020 年 4 月 2 日报道，戈维尼数据分析公司在最近撰写的一份非公开报告中分析了 2015—2019 财年美国国防部关于 OTA 合同的使用情况，指出近年来 OTA 的使用激增，并提出传统国防供应商也在获得 OTA 合同的问题。报告指出，美国国防部近 5 年通过 OTA 授出的国防科研经费急剧增加：国防部在 2015—2017 财年共授出 49 亿美元的 OTA 合同，但在 2018—2019 财年，这一数字达到 114 亿美元。从采办部门来看，美国陆军在 2015—2019 财年通过 OTA 授出的经费最多，随后为空军、国防部部局和海军；从授出企业来看，5 年期间共有 290 家供应商获得该类型合同，其中获得经费最多的前 3 家企业均为从事研发联盟管理的非营利性企业，分别为分析服务公司（ANSER）、国际先进技术公司（ATI）和联盟管理集团（CMG），这 3 家企业所获经费额占到总授出经费额的一半以上；从技术领域来看，授出 OTA 经费最多的两个领域是弹药与远程火力和太空系统，经费总额分别为 50 亿美元和 30 亿美元②。2023 年，美国国防部采办与保障副部长办公室发布 OTA 最新指南，介绍与生产类和原型样机类其他交易规划、招标、评估员、协议授予和管理相关的经验教训，并提供了原型样机、研究和生产三类其他交易授权的信息。该指南试图使国防部从传统和非传统国防承包商获得新型技术平台，支持军民两用项目，鼓励灵活设计和实施项目；提供了授标前和授标后的信息、流程和最佳实践，以及包括审批门槛和与其他交易有关的其他情况的指南。

美国空军 2017 年采办报告列举了几个使用 OTA 的典型案例，包括空间与导弹系统中心使用 OTA 建立了空间企业联盟，美国空军研究实验室建立了开放系统采办倡议联盟；其他使用 OTA 订立的协议包括快速采办发射倡议、推进器联盟、演化可增程发射飞行器火箭推进系统和轻型攻击实验项目等原型开发工作。

第二节　技术转让协议

技术转让协议（TTA）是指当事人之间就专利申请权转让、专利实施许

① 张代平，卢胜军，魏俊峰，等．2019 年世界主要国家国防科技管理的若干战略举措与动向［EB/OL］. https://www.sohu.com/a/365233037_635792,2020-01-07.

② 闫哲，孙兴村，白旭尧．美国防部增加“其他交易授权”的使用［EB/OL］. https://ishare.ifeng.com/c/s/7vatqG1LzXs,2020-04-11.

可、技术秘密转让所达成的协议。技术转让协议包括专利申请权转让协议、技术秘密转让协议、专利实施许可协议等类型。在科技开发人员和代表技术用户的项目办公室之间形成“合同”，这种“合同”通常称为技术转移协议。在TTA中，科技开发人员和项目办公室同意根据商定的计划和相关资金额度开发成熟技术。TTA通常描述各方的责任、相关退出标准（从S&T）和进入标准（到记录项目）以及相关时间表。虽然TTA通常涵盖大多数相同的要素，但它们是根据需要定制的，以解决给定转移的具体问题。国防部没有TTA标准，但各军种都发布了政策指南和模板。海军研究办公室（ONR）未来海军能力计划TTA模板列出了所有军种TTA中常见的典型元素，包括科技提供方提供的要素（产品说明、科技经理联络点（POC）、舰队/部队联络点、技术产品的现状（包括风险分析）、技术发展战略、项目计划、符合国防部指令5000.83的科技保护计划、退出标准）、由采办项目主任提供的要素（目标采办计划、采办科技经理联络点、科技状态（绿色、黄色或红色）、海军需求、一体化战略、转移资金、转移承诺声明）、由资源提供方提供的要素（能力需求基础、资源提供方联络点、资源发起人意见、签字和日期）。

技术转让协议也可用于国家之间技术的转移。例如，印度总理莫迪2023年6月22日访美期间拟敲定印美“关键技术转让协议”，印度将获至少11项战斗机发动机“主要制造技术”。尽管美国国务院坚决反对，但在美国国防部和国家安全顾问推动下，印度现已确保能够在莫迪访美期间获得通用电气公司（GE）转让的技术。美国通用电气公司拟将约80%的GE-F414 INS6发动机技术转让给印度斯坦航空公司（HAL），该发动机拟载于印光辉Mk2战斗机（HAL Tejas Mk2）。美方拟转让的11项技术包括防腐蚀特殊涂层、单晶涡轮叶片加工与涂层、整体叶盘加工等。这是美国首次将此类技术转让给另一个国家，上述技术转让预计在未来2~3年内完成，但在印度设立喷气发动机工厂至少还需2年时间[①]。

印度政府为了努力创造一个环境，让公共、私营部门和外国实体能共同努力，帮助印度成为世界领先的国防制造强国之一，2022年4月7日，国防部长拉杰纳特·辛格主持了印度国防部国防研究与发展组织（DRDO）和25家工业企业签署30份“技术转让许可协议”（Licensing Agreement for Transfer of Technology，LATOT）的仪式，从而向后者转让DRDO旗下16个实验室开发的21项技术。这些技术包括量子随机数发生器（QRNG，由DRDO位于印度浦

① 莫迪访美期间，拟敲定“关键技术转让协议”[EB/OL].https://www.163.com/dy/article/I7N1IR770553OTTU_pdya11y.html,2023-06-20.

那的青年科学家量子技术实验室 DYSL-QT 开发)、反无人机系统、激光定向能武器系统、导弹弹头、高爆材料、高级钢、特殊材料、推进剂、监视和侦察、雷达告警接收机、防核生化的无人地面车、雷障、消防服、防雷靴等。截至目前，DRDO 已经与印度工业界签订了超过 1430 份技术转让协议，其中过去 2 年中签订了约 450 份，创下历史纪录①。

第三节　合作研发协议

合作研发协议（CRADA）始于 1980 年通过的《史蒂文森-怀德勒技术创新法》，是一种用于研发的特定类型的合作协议，是一个或多个联邦机构（如联邦实验室或技术机构）与一个或多个非联邦机构（如私人公司）之间的法律协议，经常用于科技项目获取服务、人员或设施活动中。根据 CRADA，政府可以向非联邦方授予在研发过程中做出的任何发明的专利许可证，保留实施该发明的非排他性、不可转让、不可撤销的实收许可证。根据 CRADA 开发的数据或信息可被视为最长 5 年的专有数据或信息。CRADA 机制是美军重要的技术转移机制，军内科研单位和地方企业均提供资金、人员、劳务、设施、设备或其他人力、物力，优势互补，资源合理配置，通过双方的合作研究与开发，促进科技成果的转移转化应用，实现双赢。

位于佛罗里达州廷德尔空军基地的空军研究实验室（AFRL）材料和制造局的部队保护处，正在研究建筑物和远征结构的爆炸缓解技术，这项工作将有助于最大限度地减少恐怖主义爆炸袭击造成的人员伤亡，特别重要的是，绝大多数的伤亡是由飞溅的玻璃和其他碎片造成的。为了促进这些重要技术的研究和开发，AFRL 与一家私营公司创新性地签订了一项采办协议，该公司负责提供 AFRL 研究人员所需的尖端窗框和嵌装玻璃，用于全面试验。根据这项合作协议，AFRL 成功制造出防爆窗。

第四节　其他类型的方式

一、中间层采办（MTA）

2015 年以来，美国国会通过各委员会、政府问责局、国会研究服务处等，

① 张洋．印度国防部发布第三份积极本土化清单同时向工业界再转让 21 项技术［EB/OL］. https://www.360kuai.com/pc/94e1b864f1f937963?cota=3&kuai_so=1&sign=360_57c3bbd1&refer_scene=so_1,2022-04-19.

以调查研究、专题研讨、听证会等多种方式，对国防采办管理体系进行了系统评估，认为采办体系难以应对美军竞争对手日益赶超的技术压力，这些对手不受类似美国国防部繁琐的采办条例的约束，能够更快地进行技术革新。由于采办的目的是使美军始终处于技术和创新的最前沿，而现有采办系统不能及时将新技术转化为军队战斗力，反而可能被率先应用新技术的对手压制。因此，国会认为，国防部必须使其采办系统以战时速度运行。

在此背景下，美国国会、国防部、军种、智库和专家等分头研究论证，提出多种采办改革思路和措施，其中之一就是培育独特的科技创新文化，改进数据权和知识产权管理，继续鼓励小企业创新研究，促进民用新技术快速应用于国防科技创新活动。一是数据权和知识产权管理方面，《2017 财年国防授权法》授予国防部更大的数据权谈判权，可通过谈判对从私营企业获取的技术数据给予适当补偿；《2018 财年国防授权法》第 802 条要求国防部制定“知识产权购买或许可”政策，并建立专家队伍协助管理和获取知识产权，确保项目主任了解政府的知识产权政策，能够充分利用相关技术与实践经验，在早期采办过程获取知识产权。这些条款和改革显示出国防部正在扫清知识产权方面的制度障碍，以将最先进的技术从企业快速转移到国防部，为美军获得更大的技术优势提供便利。二是鼓励小企业创新研究方面，美国国防部采取多种措施吸纳小企业参与国防科技创新活动，加大对小企业创新研究（SBIR）计划的支持力度（逐年增加研发支持资金、不断扩大参与国防研发工作范围），鼓励有创造力的小企业进行先期技术开发，帮助其实现科技成果的转化应用，使其成为助力“第三次抵消战略”不可或缺的力量。三是国防采办程序方面，美国国防部在 2020 年 1 月正式发布新版 5000. 02 指示《适应性采办框架的运行》，将中间层采办程序列为正式的 6 种采办程序之一，并在 5000. 80 指示《中间层采办的运行》中，规范了中间层采办的项目特征、管理机构和运行程序等主要内容。中间层采办是一种快速采办方法，聚焦于 2~5 年交付能力，可不必遵守联合能力集成与开发系统和国防部 5000. 01 指令《国防采办系统》的规定，是美军近年来为应对大国竞争而创建的一种新型采办程序，试图去填补国防采办系统从技术到能力转化的一个“缺口”，即利用一个 5 年的采办项目快速开发出原型样机或部署已经过验证的成熟能力。中间层采办可用于在转移到其他采办程序之前加速能力成熟，或用于在快速部署前发展可接受的最低能力。

中间层采办程序不设里程碑决策点，分为快速原型样机和快速部署两种实施途径。快速原型样机采办程序利用创新技术来快速开发可部署的原型样机，以验证新能力，满足新兴的军事需求。采用此程序项目的目标是交付一个满足明确需求的原型样机，该原型样机必须在作战环境中进行演示验证，并在计划开始的5年内交付能力。如果虚拟原型样机模型证明具有可部署的作战能力，也是可以接受的。中间层采办快速原型样机项目不得超过5年，除非获得国防采办执行官（DAE）的豁免。快速部署程序利用经过验证的技术，并以最少的开发量来生产新系统或升级系统。采用此程序项目的目标是在项目开始的6个月内开始生产，并在5年内完成部署。快速部署项目的生产日期不得超过开始日期后6个月，整个项目不得超过5年，除非获得国防采办执行官豁免。对于每个中间层采办项目，国防部部局应制定一个转移程序，将一个成功的原型样机项目转移到生产部署、使用与保障的快速部署程序或其他采办程序。这一程序的输出文件是一个包含在采办策略中的转移计划，计划要求在中间层采办项目启动后，由决策当局批准转移所需的所有必要文件，且转移必须在2年内完成。

二、“将涉密创新引入国防和政府系统”（BRIDGES）倡议

美国政府规定，承包商访问涉密信息必须具备“设施许可”（类似保密资质）和人员安全许可，而设施许可的申请必须提供参与涉密研发工作的合同证明。这一管理模式严重阻碍了没有资质的高科技小企业参与国防部涉密研发工作，导致参与国防部涉密研发的企业数量不多，国防部选择范围大大受限。

为破解涉密研发领域力量不足的难题，DARPA于2022年9月14日在“前沿”系列研讨会华盛顿州立大学站活动中，首次公开提出“将涉密创新引入国防和政府系统”倡议，针对涉密科研领域中存在的挑战性问题，征集历史上没有参与过国防部涉密研发工作却拥有国防部所需要的技术专长的美国企业，将其纳入美国政府资助的企业联盟，帮助其申请涉密研发工作资质，快速获取设施许可，并通过定期会议及供需双方一对一沟通，推动相关技术领域解决方案进一步成熟，并通过联盟内部竞争，择优选择最具创新能力和技术专长的企业，使其获得涉密合同。同时，通过联盟内部的专网、专用场地等实施统一、规范化管理，确保安全保密。这种机制既有助于更多高科技企业参与涉密项目，加大涉密研发竞争力度，加速推进国防科技创新，又有利于跳出国防部传统涉密研发管理的“死循环”，为涉密研发生态圈注入更多创新活力，为美国国防科技创新领域引入了一大批生力军。该倡议从2023年3月开始实施，将持续30个月。2023年4月13日发布“将涉密创新引入国防和政府系统”试点倡议下的首个技术主题项目公告。

该倡议的管理流程包括3个阶段：发布项目公告，公开征集方案；评估技术方案，遴选企业入盟；开展联盟工作，择优签订合同。DARPA将通过联邦

政府合同信息网站定期发布技术主题领域项目公告，有意向的小企业和非传统国防涉密项目承包商需在规定的时间内提交简短提案，详细说明拥有的专业知识、创新想法，以及能为国防部涉密研发工作创造的价值等。DARPA 项目主任对各个提案单独进行评估，遴选优秀企业加入联盟，各联盟成员将在 DARPA 的担保与帮助下获得设施许可和人员安全许可，政府将与联盟签订研究类“其他交易协议”。每季度，联盟都会召开国防部涉密级别会议，政府代表和成员企业可直接交流需求、讨论方案等，国防部指定米特公司（美国国防部资助的研发中心）为联盟牵头人，开展联盟日常管理工作，每 12 个月向各成员企业资助 5 万美元资金，为其提供指定的办公地点、会议场所和专用网络，确保涉密工作安全可控，各成员企业通过竞争获得国防部涉密研发项目合同，使其具备后续参与国防涉密项目竞争的资格。在技术方案评估中，为了确保公平竞争，该倡议制定了统一的评估标准，主要包括 3 条：一是准确理解主题领域的技术，明确关键技术挑战和目标；二是具备主题领域创新能力，提出的创新方案能够帮助解决涉密领域复杂技术问题；三是能够为国防部相关主题领域提供价值。

三、技术投资协议（TIA）

技术投资协议是政府和商业实体同意开展研究项目的一种安排。商业实体可以是传统的政府承包商或非传统的营利商业公司。这项安排的特点是政府的高度监督和与工业界的实质性合作。与传统的成本型政府工具不同，TIA 有时会在阻碍商业公司的问题上提供灵活性。例如，TIA 在专利权问题上更加灵活，这有助于盈利公司参与国防研究项目，否则，这些公司可能不愿意参与国防研究。通过这种方式，TIA 允许国防部各部门利用盈利性公司在国防用途商业产品和工艺研究方面的财务投资。

四、非独家专利特许协议（PLA）

经美国空军研究与技术应用办公室协调，空军研究实验室技术转移与过渡计划办公室 2021 年 1 月通过 PLA 与洛杉矶市一家名为 Airion Health 的公司在 15 个月内生产出能为“公众利益服务”的微型扑翼无人机①。

① 美国空军研究实验室开发出微型扑翼无人机［EB/OL］. https://www.cannews.com.cn/2021/06/23/99328115.html，2021-06-23.

五、技术援助（TA）

国防部指示5535.08《国防部技术转移计划》还提出“技术援助”（Technical Assistance）概念，即允许官方实验室和非官方合作伙伴共同合作，通过提供有限的（最多4天）免费技术咨询来帮助当地企业；应优先考虑作为国家组织、大学或非营利实体（包括官方实验室技术转让联合体）中的非官方合作伙伴，其应公布官方援助的可用性，确保实验室和（或）技术活动不与私人组织竞争，并与申请公司协调实验室和（或）技术活动的工作；实验室和（或）技术活动应以技术信息、经验教训、所学知识、解决问题或进一步建议的形式提供所需的协助；任何时候都不得使用技术援助活动或技术援助联合研发协议来完成研发。国防部开展的上述技术援助主要针对国家组织、大学或非营利实体，主要目的是提高这些组织的国防技术研发能力。

此外，2022年4月6日，美国国防部负责研究与工程的副部长兼首席技术官徐若冰在参议院军事委员会上作证词表示，为了推动商业企业发挥更大作用，正在探索军民两用技术开发方面的更多合作方式，如国防部可以在商业企业所研发技术的成熟度较高时，直接进行购买应用。

在国防技术转移方面，英国国防研究局通过很多途径来促进国防技术的转移。一是向工业企业界出售国防部拥有的科技专利，向符合条件的企业发放专利许可证。二是推行“引路人（Pathfinder）”等几项计划，力图尽早地将国防鉴定与研究局的研究计划向国防企业公开，以争取和这些国有或私营的企业合作。

在实践中，尤其是对于大公司而言，通常采用多种技术转移方式，如DARPA的技术转移方式主要有4种：第一种是对于项目立项时需求和订单均很明确的项目，采用全部技术转移方式，如F117隐身飞机等；第二种是对于超前于目前需求、当时还不能被完全采纳的技术，则采取转移技术概念的方式，如“天鹰”（Aquila）无人机计划等；第三种是对整个项目内的核心技术进行部分转移，如OH-58D直升飞机信号处理技术项目；第四种是研究项目附带产生的大型研究设备或机构，如果具有很强的实用性，也被列入成果转移工作，例如，毛伊岛光学站（AMOS）项目移交给空军的成果就是大型空间望远镜，阿雷西博（Arecibo）天文台整个机构转交给国家科学基金会（NSF）后，成为美国国家天文和电离层观测站。

第八章　国外国防技术转移平台

第一节　美国国防技术转移平台

一、美国国家技术转移中心网络

美国联邦政府为了提高科技成果商业化的比例，增强其国际竞争力，加快国家实验室、大学和私人研究机构的科技成果向社会和工业界的转移，以NASA技术转移系统为基础和国防部、商业部、能源部等17个联邦政府部门合作，建立了全国性的技术转移计算机网络，将联邦政府提供资助的700多个实验室开发的有工业应用前景的技术成果并入这个网络。通过这个服务网络将研究成果迅速地向私人企业转让，为全社会和工业界提供技术转移信息服务。该网络从1992年7月开始运行，到1994年底已为全美5000多用户提供各种技术信息服务。这个全国性网络由国家技术转移中心（NTTC）和6个区域技术转移中心组成。此外，还包括NASA分布在各州的9个研究中心的技术转移办公室、航空航天信息中心、NASA技术应用大队、NASA计算机软件管理和信息中心、地球数据分析中心以及美国技术计划。

1. 国家技术转移中心

国家技术转移中心于1992年5月正式成立，总部设在西弗吉尼亚州的惠灵，其经费来源主要靠NASA和联邦政府有关部门提供，利用NASA在美国各地的现有技术推广机构为基础，并按地理区域建立了6个地区技术转移中心。NTTC的主要任务是将联邦政府资助的国家实验室、大学和私人研究机构的科技成果迅速推向社会和工业界，使之尽快商品化，从而增强美国经济力量和为美国人创造更多的就业机会。NTTC向全社会各行业（包括大小公司乃至个人）提供技术成果转让服务，主要有如下几种方式。

（1）技术转移“入门服务”。帮助寻求技术成果的用户（或个人）跟NTTC网络内的任何一家研究机构建立联系。技术寻求者只要拨打NTTC免费服务电话，就有“技术入门代理人”为其提供技术转移咨询服务。用户只要将面临挑战的某技术领域问题和要求详细告诉代理人，他就会通过NTTC全国性网络的有关数据库查询，并和从事该技术研究的实验室联系，将与用户的技术目标有关的研究进展情况或可转让的研究成果告知用户，并提供研究单位地址和联系人姓名。用户则可直接与技术发明单位洽谈成果转让事宜。如果用户要独占该技术发明使用权，NTTC 可根据要求为用户保密，不再推荐他人使用。

（2）“商业黄金”网络信息服务。NTTC 通过这个计算机网络将 700 多个国家实验室、大学和私人研究机构的科技成果信息传给用户。如果用户只想概略了解这些研究机构可转让的技术成果或正在开展的科研项目进展情况，包括可颁发许可证的专利和各种技术商品化的机会，只要通过 Internet 与 NTTC“商业黄金”信息网络连接，用户就可以免费获得所需的各种技术转移信息。

（3）专题培训服务。NTTC 的培训和经济发展部负责向用户提供技术转移、专利许可证、工业推广计划等领域的专门培训，根据用户的需求举办各种类型的技术转移专题讨论会。为联邦政府部门和国家实验室提供综合培训，教会这些机构的科学家、工程师和心理人员根据各自的技术创新能力、产品市场规模和工业用途进行技术评估的方式，以及与工业界签订合作研究协议的注意事项，以加快技术商品化的进程。

（4）发行技术转移出版物服务。NTTC 的出版部门向社会需要技术转移咨询的各行各业人士包括企业家、投资者、律师和会计师免费提供介绍 NTTC 服务运作的小册子，通过其季刊《技术试金石》介绍、报道各种技术转移的简讯，总结推广技术转移成功的做法和经验，刊登有关技术转移的信息，预报举办技术转移培训班或专题讨论会的时间、地点和内容，登载宣传技术转移对提高美国经济竞争力的重要性的文章等。

2. 6 个区域技术转移中心

以 NASA 的 6 个区域技术转移中心为基础，并按照 6 个“联邦实验室联合体”所在的地理区域进行管辖，将每一个区域的国家实验室大学和私人研究机构连成区域技术转移网络，主要面向本地区服务，然后再通过计算机联网建立全国性技术转移信息网络。由于这 6 个区域技术转移中心原隶属于 NASA，所以大部分经费还来自 NASA。这 6 个中心于 1992 年 1 月正式开始运作，下面还拥有 70 多个附属机构，分布在各州和地方，开展的技术转移服务大同小异，主要为用户提供技术成果查询、技术和市场评估分析、推荐技术转移和商品化项目、协助安排技术转移等服务。据统计，区域技术转移中心第一年就为 2500 多家用户提供了上述各种服务，有力地推动了科技成果的转化。下面简单介绍各区域中心的情况。

（1）东南中心。东南中心亦称作“南部技术应用中心”（STAC），位于佛罗里达州阿拉楚阿的佛州大学工程学院。该中心负责美国东南部肯塔基州、路易斯安娜州、密西西比州、阿拉巴马州、乔治亚州和佛罗里达州等9个州的技术转移推动工作，提供技术成果商品化、技术转移运作管理和教育培训等服务，设有自己的信息研究中心，并和世界各地（包括全美）2000多个数据库联网，提供技术转移信息。

（2）中部技术转移中心。“中部技术转移中心”（MCTTC）设在得克萨斯州农工大学的“得州工程服务中心”（TEFX），由TEFX技术经济处休斯敦大学明湖分校、西南部研究所、得州大学圣安东尼奥分校、中西部研究所和萨拉技术金融公司等组成联合体，根据私有企业的兴趣提供联邦政府资助的实验室科技成果、技术市场及解决工业技术问题等信息服务。它管辖的范围涉及蒙大拿州、北达科他州、南达科他州、怀俄明州、内布拉斯加州、爱荷华州、犹他州、科罗拉多州、堪萨斯州、密苏里州、新墨西哥州、俄克拉何马州、阿肯色州和得克萨斯州，共14个州。

（3）东北部中心。东北部中心称作“技术商品化中心”（CTC），位于马萨诸塞州的韦斯特伯勒，并分别在康涅狄格州、缅因州、新罕布什尔州、罗得艾兰州、新泽西州和纽约州设了6个办事处。通过计算机网络为该区7个州提供技术市场信息和牵线搭桥服务。该中心还负责和该地区的经济开发组织合作，共同推动技术转移工作，还向中小企业提供联邦和各州政府对技术创新项目给予资助的情况，鼓励中小企业参加技术成果商品化的工作。CTC还向用户提供技术成果鉴定、技术成果许可证颁发、技术信息联网市场评估项目战略规划等服务。该中心从1992年至今已为200多家公司提供上述服务。

（4）中大西洋区中心。中大西洋区中心称作“中大西洋技术应用中心”（MTAC），位于宾夕法尼亚州的匹兹堡，负责宾州、弗吉尼亚州、马里兰州和特拉华州的技术成果转让和推广。MTAC的信息网络方便了工业界了解联邦政府资助的科技成果，帮助私人企业寻找解决他们技术问题的答案，促进国家研究机构和企业界的合作关系，以一对一的方式向私人公司提供广泛的技术管理和商品化服务，包括提供技术信息、分析技术与市场、评估新市场、寻找开发资金和技术合作机会、帮助安排合作研究开发协议和专利许可证协议等。MTAC还举办各种培训班或专题讨论会。

（5）中西部中心。中西部中心位于俄亥俄州的克利夫兰市，亦称为“大湖工业技术中心”（GLITeC），服务范围除俄州外，还有明尼苏达州、密歇根州、威斯康星州、伊利诺斯州和印第安纳州，共6个州。GLITeC为所在地区企业和个人提供各种技术成果商品化服务，推动技术成果商品化开发和应用，帮助用户获取技术成果许可证，协助合作双方安排合作研究开发协议，为中小企业提供咨询建议。该中心也提供技术评估与鉴定、技术规划以及帮助用户寻找解决技术问题的答案等。

（6）西部中心。西部中心称作“区域技术转移中心”（RTTC），位于加利福尼亚州洛杉矶市，负责管理加州、华盛顿州、俄勒冈州、爱达荷州、内华达州、亚利桑那州、阿拉斯加州和夏威夷州的技术转移工作。为了帮助夏威夷发展经济，由该中心牵头，夏威夷州和联邦实验室联合体（FLC）签署了互利的技术转移合作备忘录。在一些医疗项目中，该中心还推荐将声技术和机器人应用于医学领域。在军转民的技术应用方面也做了不少工作。此外，还为促进技术成果商品化举办各种专题讨论会、展览会和培训班。

二、伙伴中介网络整合平台

2005 年 12 月，国防部技术转移办公室投资建立了技术转移的伙伴中介网络整合平台 OTTPIN。该平台为国防部的伙伴中介提供统一的入口，以促进国防部及其各个伙伴中介机构之间的交流合作，同时协助中介机构员工跟进技术转移协议。OTTPIN 还有助于管理文档信息，上传文档，分配和跟进行动项目，设置和接收提醒，以及在各个伙伴中介之间进行信息共享。OTTPIN 通过创建协作性软件，支持遍布美国全国的国防部伙伴中介之间交流的顺利进行。OTTPIN 的成员包含国防部的所有伙伴中介机构，具体包括 TechLink、FirstLink、IDHS、Bridge、DoD TechMatch、SpringBoard、MilTech 以及得克萨斯州阿林顿的创新中心。2003 年之前，TechLink 是唯一直接得到国防部预算拨款的、服务整个国防部的伙伴中介机构。从 2003 年起，国防部建立起另外 4 个得到“指定的”国会拨款的、服务整个国防部的伙伴中介机构。这 4 个中介机构各有侧重。第一个位于宾夕法尼亚州匹兹堡，称为 FirstLink，主要帮助国防部的技术应用于警方、消防和国土安全方面；第二个位于西弗吉尼亚州费尔蒙特，称为国防部 TechMatch，主要通过建立一个互联网网站，提供关于国防部实验室、国防部技术、技术需求、研发机会以及技术转移成功案例的信息，促进国防部技术转移；第三个位于阿拉斯加州朱诺，称为 SpringBoard，主要促进国防部实验室与阿拉斯加州的公司之间的技术转移伙伴关系；第四个位于南卡罗来纳州哥伦比亚，称为 T2 Bridge，侧重于国防部与美国东南部的公司之间的技术转移。与 TechLink 一样，这 4 个伙伴中介机构由国防部的技术转移办公室监管，它们的合同管理由位于赖特-帕特森空军基地的空军研究实验室负责。

1. Techlink

TechLink 于 1996 年在蒙大拿州立大学建立，原先在其区域内作为国家航空航天局与工业界之间的技术转移中介。在成功运行的基础上，1999 年 TechLink 得到国防部资助签订了首份代表整个国防部的伙伴中介（PI）协议。国防部基于此设立了“国防技术链接”（Defense TechLink）计划，该计划由国防部技术转移办公室监管，其合同管理由总部位于赖特-帕特森空军基地的空军研究实验室负责。

该平台是美国国防部负责技术转让的国家合作中介机构，帮助美国国防部实验室和美国工业界发展技术转让合作关系，通过许可协议将国防部实验室发明转让给企业。TechLink 平台维护着唯一完整的美国国防部专利数据库，便于企业搜索技术许可机会。通过技术转让，各种规模的企业都可与美国国防部开展合作，大大减少了企业研发工作的时间和资源，可将新产品和服务快速有效地推向市场。TechLink 平台在促进国防部技术转让进而实现技术商业化的同时，也间接为国防部能够充分利用企业在技术深度开发过程中形成的创新技能、技术产品和快速响应能力提供条件，反向促进并提升国防科技能力创新发展。

TechLink 聘请了 8 名拥有超过 10 年行业经验的技术经理为国防部开展技术转移中介服务。TechLink 在技术转移中具有以下的作用：①鉴别可以申请专利的知识产权；②撰写发明公开文件；③签署交易文件，如专利合同、许可协议、合作研发协议；④制定市场开发计划；⑤为技术开发和完善提供资金支持；⑥为企业提供种子基金；⑦推广实验室的技术；⑧举办技术展示会；⑨为实验室和大学、公司牵线搭桥。

与以往伙伴中介不同的是，TechLink 得到授权，与整个国防部实验室体系，包括陆军、海军、空军等国防部所属机构的实验室，建立技术转移伙伴关系。“国防技术链接”计划最初重点在增加国防部技术向美国西北部公司的转移。2001 年，国防部技术转移办公室在该计划中增加了国防部与工业界的专利许可协议任务。由于这个新的重点，TechLink 扩展了其覆盖的地理区域，面向全国许可国防部的技术，同时制定了规范的程序。

（1）对国防部所有得到授权的专利和公布的专利申请进行技术转移潜力筛选。采用的筛选标准是：技术成熟度水平、技术创新性、专利权利要求保护的力度以及商业可行性。

（2）选择一批国防部技术项目主动向工业界推销。

（3）通过背景研究，识别出有希望的候选公司，直接与它们接触，进行重点推销。

（4）按下列方式帮助有兴趣获得国防部技术许可的公司：针对它们期望的应用评估该技术，了解政府许可规则和国防部实验室的要求，辅助准备高质量的许可申请，包括商业化计划。

（5）持续参与国防部实验室和公司之间的许可谈判，促进商业化，帮助解决可能出现的问题。

（6）在适当时，帮助促成国防部与公司之间的合作研发协议，例如，使被许可方能够利用国防部发明人的技术专长，而国防部能够受益于公司对该技术的改进。

TechLink 于 2001 年将重点转向推销国防部的专利许可技术，其所促成的许可数量迅速上升。由 TechLink 促成的专利许可协议数量从 2001 财年的 3 项增长到 2007 年的 31 项，特别要指出的是，2007 年国防部的专利许可协议有 63 项，由 TechLink 促成的就占了总数的 1/2。国防部新增专利许可协议的总数从 1998 财年—1999 财年的平均每年 33 项增加到 2006 财年—2007 财年的平均每年 60 项。

TechLink 曾经审查过美国专利商标局数据库中的所有国防部新专利以及专利应用，且每个月都会检索一次，看看这些新的发明是否能转化应用。TechLink 的工作人员会与实验室的科研人员进行交流，更好地理解他们所开发的新技术，为将其推向产业界寻找更好的机会。通过这些步骤，TechLink 每年会从大约 550 份专利以及专利应用中，筛选出 75 份，重点向产业界推广。之后，TechLink 的工作人员还会进行以下工作：①为其选中的每一项技术制定商业开发方案；②积极地向市场推广这些技术；③帮助有兴趣的公司评价这些技术（如获取材料样本以及未公开的数据、与科研人员交流等）；④帮助公司制定详尽的许可申请以及商业化方案；⑤从事技术转移和商业化的其他步骤（如签订保密协议）。

TechLink 直接为实验室提供服务。例如，其工作人员为空军研究实验室审查已经发表的受到同行肯定的技术性文章，判断这些技术是否有可能申请专利。2 名 TechLink 的工作人员在 2 年时间里一共审阅了 3 个出版物数据库，找出了空军成员发表的文献中将近 2500 个有专利申请价值的技术。然后，TechLink 的工作人员走访了空军的专利办公室，与其律师进行了会谈，了解发明者是否已经进行发明登记。结果他们发现，只有不到 15%的技术进行了登记。同时，TechLink 会与某些从未进行发明登记的发明者积极沟通，使他们了解申请专利对于技术转移的重要性。TechLink 的工作人员估计，审查 100 份文献大约需要一周的时间。这些工作需要同时具有技术和商业两方面的知识及经验，如果有高层次的跨学科专家参与其中，效果会更好，这些专家最好既有产品开发经验，同时具备商务推广技能。同时，不同领域的专家共同合作，也能取得良好的效果。知识产权方面的专家当然必不可少，但是，通常来说，可以对具有其他专业背景的人员进行培训，从而使他们掌握知识产权方面的知识。

2. TechMatch

TechMatch 是于 2005 年 3 月成立的伙伴中介（图 8-1）。与其他伙伴中介不同的是，它主要通过软件和数据库去推动国防技术转移。国防部 TechMatch 开发了一个同名的网络平台，旨在将注册的用户与国防研究与开发的商业机会相连接，这是一项免费的服务。注册用户只需搜索他们感兴趣的技术领域的关键词，平台会自动输出相应的结果，这些输出结果来源于遍布全国各地的研发实验室。国防部 TechMatch 不仅可以发掘可授权的国防部专利技术，还可以发掘国防部举行的重要会议上的信息。目前，TechMatch 正在开发一个基于网络的知识产权管理系统，辅助国防部管理专利技术和协议。

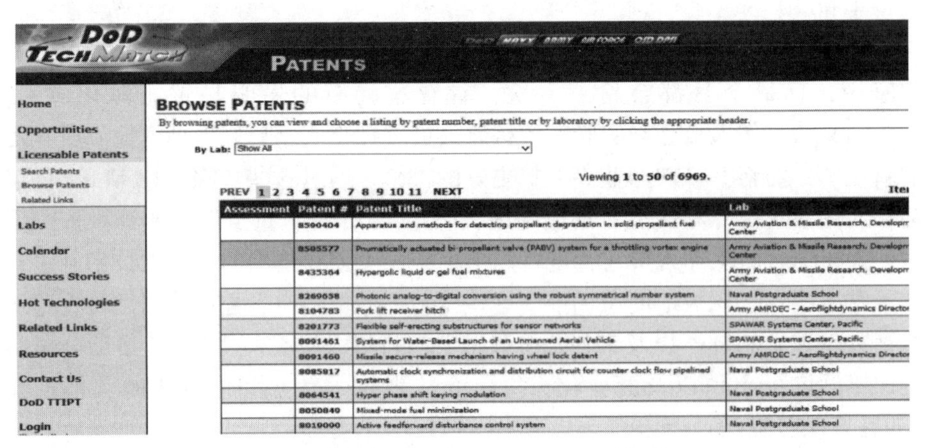

图 8-1　国防部伙伴中介 TechMatch 网络平台

3. FirstLink

FirstLink 位于美国匹兹堡大学和国防部国家救援技术的卓越基地，主要目标是促进国防部和企业之间的技术转移活动，使国防部的技术应用于警方、消防和国土安全方面的商业化。

4. T2 Bridge

T2 Bridge 重点在促进国防部与美国东南部的公司之间的技术转移，帮助公司完成各种各样的技术转移活动，如为新技术的创新募集资金，同时为私人研究机构的技术进入美国国防部提供便利的旨在运用国防资源推动解决方案进入国防部。

5. SpringBoard

SpringBoard 的任务是为阿拉斯加的企业提供资金和技术以开发产品和服务，从而满足国防部的需求。这个项目可以帮助技术从国防部实验室向私人企业，以及从私人企业向国防部进行转移。

6. MilTech

MilTech 提供手把手的产品设计及制造样本，以支撑创新技术快速、可靠和有效的转让。另一方面，MilTech 为公司提供帮助，满足美国国防部和私人公司对产品的需求。

MilTech 提高创新技术利用速度的同时，还在制造和设计的多种领域中对国防部供应商提供帮助，包括产品设计、制造的可持续性、样本和要求符合规格、产品持续性供应的商业化、提升产能、提高生产效率、设计布局、质量体系等。

7. 阿灵顿创新中心

阿灵顿创新中心以阿灵顿商会和美国得克萨斯大学阿灵顿分校为首，通常与私人或国防部进行合作，专注于技术的商业化。

8. OTTPIN 和 ATIP 联合工作机构

2009 年 11 月，OTTPIN 和 ATIP 达成共识建立工作关系，确立美国国防部和农业部共同感兴趣的领域，建立科研和技术商业化的联合项目。

三、科技创新成果集成信息资源平台

国家航空航天局建立了科技创新成果集成信息资源平台及新技术登记数据库，并与技术转移系统平台实现对接。在采集制度上，将技术创新成果登记制度纳入新员工培训课程、项目管理人和发明人培训课程，各中心技术转移办公室每个月至少举办一次技术创新成果登记的相关培训；信息采集规范要求技术创新成果登记必须列明新发明披露的所有相关文件；对技术创新成果登记有重大贡献的员工予以奖励，各中心技术转移办公室还要将成果登记的最佳程序与办法上报总部。在信息发布方面，《美国国家航空航天局军转民技术》（NASA Spinof）每年选取约 50 项军转民技术，以报告的形式，重点介绍研发背景、应用前景、技术转移方式以及与小企业合作将新技术引入民用领域等情况，对技术成果的描述突出航天技术与民用技术的联系与转化，以及军转民技术的社会和经济价值，还对获奖成果进行特殊标注①。该报告既有彩色印刷版，也在国家航空航天局网站上发布电子版，高校、媒体、发明家以及普通公众可以免费获取②。

四、国防创新市场

2012 年，美国国防部根据《最优购买力 1.0》和《最优购买力 2.0》中“加强国防部与工业界的交流沟通”的要求，建立了一站式军地信息沟通平台“国防创新市场”（Defense Innovation Marketplace）门户网站③，由美国国防部负责研究与工程的助理国防部长管理，并由国防技术信息与服务中心负责运营维护。该平台整合了有关可能满足美国防部技术能力差距、需求和具有投资优先级的项目的公开信息。美国国防部 2020 年 7 月新版指令《国防部独立研发监管政策》（DODD 3204. 01）明确：“国防创新市场”网络平台将为科技研发参与者提供国防部研发投资优先事项信息。其主要功能：一是军方向企业发布信息，包括国防科技战略文件、科技信息动态、研发计划等，满足企业适时快速获取国防科技信息的需要；二是企业向军方进行信息推送，包括各类技术与产品信息，便于军方了解当前民用技术水平，寻求具备发展潜力的技术与产品；三是通过设立军民交流社区，建立有效促进机制，鼓励军地技术分享、交流、投资与研发合作。作为寻求民间优势技术的重要窗口，该网站致力于将不同部门、不同军种、不同计划、不同网站的信息进行集成、融合和利用，通过互联网向全社会统一发布国防科学技术发展战略、军方国防科技信息、国防部最新年度科学技术重点投资领域以及采办项目、工业界独立研究开发的创新成果等信息，实现国防部和工业界信息的双向交流和资源共享，加快高新技术的转移转化和应用。

2015 年，美国国防部负责研究、开发与工程的助理副部长谢弗在一次采访中表示，国防部在前沿技术创新领域已经经历了长达 20 年的停滞期。军事研究和技术开发进展缓慢已经引起五角大楼高层的关注，并促使其要求对每年 700 亿研发预算的执行流程进行审查。为恢复技术优势，五角大楼不断调整研究重点，对研发项目进行监督，并寻求更好的方式与私营部门合作。谢弗表示，五角大楼需要注意如何避免企业将研发资金投入在重复性工作上。他的部

---

① 赵辉．美国联邦机构技术转移机制初探［J］．全球科技经济瞭望，2017(10)：21-28.

② 许源景，晨思．美国 NASA 技术转移成果发布情况研究［J］．军民两用技术与产品，2014(10)：14-16.

③ 网站地址：http://www. defenseinnovationmarketplace. mil/industry. html.

门希望看到更多公司加入国防部在“国防创新市场”门户网站上举办的虚拟讨论活动。“如果能让工业界认识到，我们有我们的局限性，工业界将足够明智地通过投资来捕捉一些市场机遇”[1]。

五、国防工厂创新平台

国防工厂（DEFENSEWERX）创新平台是推动美国军民融合、实现决定性创新的催化剂和超级连接器，作为一个中立的促进者和值得信赖的咨询平台，通过门户网站为美国国防部提供创造性和集成性解决方案，致力于扩大军方科技发展能力和战略优势。主要通过以下方式为企业等平台客户创造和传播新的理念、技术、产品和流程：一是利用学术界和工业界的技术支持军事需求；二是建立相关关系，为创新满足客户需求的解决方案作出贡献；三是充当利益相关者和解决方案提供商之间的协调方与执行者；四是寻找本地机会和资源，与现有客户合作，加速创新运营解决方案；五是通过协调协作机会、技术设备和专业技术，实现与行业合作伙伴合作，促进最佳技术的利用等。

该平台的主要工作包括三类。一是创新与合作。通过多种方式，使军队客户可以创造和推广新的概念、技术、产品和流程，如利用学术界和工业界的资源支持军队客户的需求，为军队客户搭建有益的合作关系；充当利益相关者与解决方案提供者之间的“促动器”，主办或合办创新论坛以促进多学科交流、发明、样机开发与制造等。二是技术转移。建立创新中心并配备人员，促进军队及私营领域实验室技术的转移转化。三是人才发展。主要聚焦当前人才发展和未来人才发展：为军队客户的当前人才提供专门的军外训练，包括基于创新中心的制式及定制化训练；聘用国家顶尖科学家和工程师为创新中心工作，以竞赛方式促使其解决作战人员面临的当前挑战，通过研发满足军队的未来需求。

在运行机制上，创新中心由军队主导并提供经费，DEFENSEWERX负责管理，一方面可确保其国防属性并直接响应军队实际需求，另一方面能通过灵活、专业化运营，充分调动创新活力并提高效率。同时，创新中心各类活动主要促进军队资金来源机构与创新参与者之间建立联系，但不直接资助创新，可推动美军融入广泛的国防创新生态体系，加强军队技术能力的向外转移。

---

① 美国防部制定研发投资计划刺激前沿技术研究［EB/OL］. https://news. sina. com. cn/o/2015-03-03/143431562279. html，2015-03-03.

该平台与军队签署合作关系中介协议，创建“SOFWERX”“AFWERX”“MGMWERX”“ERDCWERX”、杜立特协会等创新中心，并作为运行方对其进行管理，促进军队与工业界、学术界、政府创新资源之间实现广泛的联系与合作，为军队面临的各种难题带来富有创意的一体化解决方案。

第二节　英国国防技术转移平台

一、英国国防技术与安全公司

英国国防技术与安全公司（QinetiQ Ltd）是一家跨国防务技术公司，是世界第52大、英国第6大的国防业务承包商。该公司是从前英国政府机构——国防评估和研究局（DERA）分离出来的一家私营公司。QinetiQ进行了多次收购，主要收购对象是美国的一些国防公司，如2004年收购了美国国防公司Westar Corporation和Talon机器人制造商Foster-Miller，同年还收购了英国领先的工程咨询公司——HVR咨询服务公司；2005年9月，收购了比利时空间系统集成商Verhaert Design and Development NV（VDD）90%股份，同年10月，收购了欧洲铁路行业WiFi互联网供应商——Broadreach网络有限公司；2006年2月，收购了开发过Paramarine船舶和潜艇设计工具软件套件的Graphics Research Corporation Ltd。

QinetiQ向政府、军方及商业客户提供技术产品和服务，与英国国防部签署了25年的长期合作协议（LTPA），为其提供测试及评估服务和军事领域事项的管理，还与国防部签署了为期15年的海运战略设施协议（MSCA），提供战略海事设施和能力，包括Haslar的水力机械设施、Rosyth的潜艇和冲击测试设施等。此外，它还是英国国防技术中心的主要利益攸关方。

二、英国国防企业中心

2007年，英国国防技术转移局（DDA）关闭后，为了支持更广泛的民转军工作，吸引民用领域资源投入国防科研，2008年，国防科学与技术实验室（DSTL）下设国防企业中心（CDE），具体负责对新颖、高风险、高潜在效益的创新研究进行投资，并支持英国政府的“小企业研究创新”（SBRI）计划，在尽可能广的范围内为科学技术开发商（包括学术界和中小型企业等）提供资金支持，以促进和激励工业部门的技术创新及国防应用潜力，同时加速英国政府知识产权的商业化进程。

CDE 的研发合同有标准的条款和规则，规定了 CDE 资助项目的申请对象、资金用途、资金使用方法、知识产权分配原则等。2015 年 10 月，CDE 更新其研发合同的相关内容，但知识产权相关的指导原则不变。根据标准条款，向 CDE 中心申请资金开展研发工作的申请单位基本包含国内外的自由人和各种组织机构，但不包括国内外的任何政府部门和公共机构。CDE 资金用于资助能提升国防安全优势的创新性研究，这些研究在技术方面的技术成熟度（TRL）包括 TRL2～TRL6。CDE 中心通常分两个阶段组织竞争，项目阶段 1 的竞争主要是为了实现 TRL2～TRL4 的技术成熟度，项目阶段 2 的竞争主要是为了实现 TRL4～TRL6 的技术成熟度。要进入项目阶段 2 的单位必须能成功完成项目阶段 1 的项目。

CDE 与承包商签署合同时的知识产权条款主要依据英国国防部《国防条款 705》执行。《国防条款 705》是英国国防部对于完全由国防部资助的研究和技术开发合同中标准的知识产权条款，合同中涉及的知识产权包括专利、设计权利、版权和技术信息中的其他权利等。英国国防部一般将知识产权分为前景知识产权（Foreground IP）和背景知识产权（Background IP），前景知识产权是指在双方业务合作以后诞生出的新的智力成果，背景知识产权是指在双方业务合作之前已获得授权可以使用的知识产权。对于研究和技术工作，英国国防政策允许承包商拥有前景知识产权的所有权，此外，承包商负责研究成果的商业利用和开发。

CDE 还负责国防科技成果信息的搜集、管理和数据库建设，通过 CDE 建立的科技成果数据库和信息平台，将相关信息向军队、科研单位或社会公开发布。CDE 与商业、创新与技能部（BIS）技术战略委员会管理的“英国政府中小企业研究计划”（SBRI）相呼应。SBRI 旨在吸引英国中小企业参与政府采购计划，激励企业开展技术创新。

第三节　日本国防技术转移平台

一、日本东京大学科技成果转化平台

1. 成立背景和职能

日本高校科技成果转化工作主要依靠设立的专门机构“技术援权组织”（Technology Licensing Organization，TLO）运作完成。自 1998 年日本政府颁布实行 TLO 法以来，日本高校设立并经政府审核认可的 TLO 机构已有 50 家，主要分布在研究型大学。现有的 50 家类型不同的 TLO 机构，分布在日本的各个

地区，负责高校科技成果的转化开发、专利申请和技术转移、转让工作。

2. 运行机制

几所典型大学的TLO组织结构与运作模式各有特点。东京大学在1998年日本政府颁布《大学技术转让促进法》以后设立了TLO机构。由于东京大学是国立大学，当时还没有法人资格，为了便于TLO的运作，东京大学一开始将其设在校外，成为一个具有法人资格的独立公司，按照东京大学的管理规则运行，拥有数十名专职工作人员，多数具有生物学、化学、医学、药学和电子学等东京大学理工学科领域的专业背景，还有专门律师和财务人员等。每年由科技成果转化而获取的专利申请数为600~800项，向企业的专利许可和技术转让约为200项，收益1.5亿~2亿日元。到2008年，东京大学TLO运作由本校科技成果转化而衍生的企业就达到123家，且有23家已公开上市。截至2015年，东京大学TLO的运营收益已超过40亿日元，其中2004年一项关键技术的专利许可收益就近20亿日元。

二、日本庆应大学科技成果转化平台

1. 成立背景和职能

庆应大学是日本第一所私立大学，成立于1858年，其首任校长福泽谕吉是日本近代著名思想家和教育家。1998年，日本政府颁布《大学技术转让促进法》后，庆应大学就组建了TLO机构，负责学校的科技成果转化、专利申请、技术转让、企业孵化及知识产权管理。

2. 运行机制

由于庆应大学是私立大学，具有法人资格，所以TLO从成立时就完全属于校内机构，有权代表学校做出成果转化、专利申请、技术转让的最终决定。这一点与东京大学初期在校外设立的TLO机构的运作方式不同。

该机构也有数十名专职工作人员，大都具有生命科学、工程学等学科领域的专业背景，还有专业律师和市场分析师等。另外，庆应大学TLO还设有专门的执行委员会，成员由庆应大学相关学科的带头人组成，负责讨论决定成果转化项目、专利申请与许可、技术转让等事宜。每年的专利申请数为150~200项，截至2015年，专利许可和技术转让收益约10亿日元。

另外，在庆应大学TLO机构运营的十几年中，还以庆应大学科研成果转化开发为基础，先后孵化创办了20多家高科技企业。

三、日本东京工业大学

1. 成立背景和职能

东京工业大学是日本最大的以工程技术与自然科学研究为主的国立大学，其在学术研究方面一直处在日本大学的前列。1999 年，东京工业大学以校外的理工学振兴会为基础组建了自己的 TLO 机构。2004 年，国立大学法人化以后，东京工业大学将校外的 TLO 机构纳入校本部管理，使其能够为学校与企业合作开展成果转化和技术创新提供一站式服务，并鼓励合作企业加入 TLO 会员组织，以便优先获得东京工业大学的最新发明。

2. 运行机制

该机构拥有 20 余名专职工作人员，负责学校的成果管理、评估、转化、专利申请、技术转让与资金运作等业务；另有十余名兼职协调人员负责 TLO 的会员组织以及与会员企业的联系、交流、合作等事宜。近年来，东京工业大学运作的成果转化、专利申请与许可、技术转让数量稳步增长，年均保持在 450 项左右，年收益 1.5 亿~2 亿日元。自 1999 年组建以来，已先后孵化创办了 60 多家新企业。目前，日本政府认可的 50 家 TLO 机构，每年均可从政府获得 3000 万~5000 万日元的资助。专利许可与技术转让的收益分配一般为：30%给成果研发人员，30%归研发人员所在的学院或研究所，30%由 TLO 机构留用，10%归大学校方。如早稻田大学规定专利许可和技术转让的收益，除校方扣除 10%的管理费后，剩余部分由研发人员、所在单位和 TLO 机构分配。

第四节　俄罗斯国防技术转移平台

一、国防采购统一信息平台

俄罗斯建立了多种类型的信息服务平台，便于转化方信息交流。对俄罗斯来说，信息数据库的建设已经成为国防工业管理和提高效率的重要手段。2012 年出台的《国防采购法》中明确提出，建立含有国家国防采购结算信息的统一信息系统，遵守俄罗斯联邦保密法要求的相关人员可访问国家国防采购统一信息系统，进行信息存储、处理、提交和使用，联邦国防事务机关被授权进行国家国防采购统一信息系统的管理和跟踪职能。

根据 2012 年 5 月总统令，应互联网开放数据的要求，俄罗斯国防部、《红星报》、联邦总统等官方网站都可免费查阅与装备建设和国防订货相关的法律法规、总统令及部门规章，为相关企业获取装备采办需求信息提供渠道，方便企业了解军方的装备采办法规制度和要求，从而方便军民融合成果转化过程中转化方的信息交流，避免了信息闭塞。

2013 年 4 月，俄罗斯颁布关于建立统一的科研和设计工作信息数据库政府令；同年 11 月，俄罗斯科学与教育部颁布关于将科研和设计工作纳入国家统一信息系统的管理办法，将安全反恐、纳米材料、信息系统、战略武器、环境科学等优先发展领域，以及军事基础研究、生物信息技术等关键技术的相关科研设计工作纳入其中。

俄罗斯在 2015 年后已经建设含有国家国防采购结算等信息的统一信息系统，系统中包括采购法律法规，典型合同和典型合同条款模板，采购计划和采购路线图，采购监督、审计混合检查结果，不诚实供应商名录，申诉、计划内和计划外检查及其结果名录，银行担保清单，订货方签订合同名单，保障国家国防需要的商品、工作、服务目录等信息。通过不断更新的系统数据可以实现对合同执行方、合同进程的实时跟踪，从合同执行过程中获得更多有价值的统计数据，为后续供应商的选择提供参考。

俄罗斯在《工业政策法》中也提出建立国家工业信息系统，目的是保障工业政策实施和鼓励工业领域活动方面的情报信息，提高关于工业现状及其发展预测方面信息交流的有效性。俄罗斯还建立了工业园区、技术园区和集群地理信息系统，对俄罗斯相关地理分布数据进行采集、储存、整理、分析和图形显示，2015 年，该系统在“国家与治理”奖项获得了“普罗米修斯”全俄罗斯网络奖金。

这些平台的发展增加了国防采购信息的公开性和透明度，有助于在国防工业系统引入外部竞争，增强军民协同，以开放的姿态进入国际市场，增加管理有效性，将更多的满足创新和军用技术发展要求的国防工业企业及外部中小企业纳入到军品配套供应商之列，保持竞争活力，持续拉动国防工业整体实力提升。

二、“时代”军事创新科技园

2019 年，俄罗斯《“时代”军事创新科技园科技发展战略》对科技园国防和民用领域技术转化等未来 5 年科技发展做出规划。“时代”军事创新科技园是俄罗斯国防部创新摸索并重点打造的拥有现代化科研生产生活设施、汇聚军地一流国防科研技术人才、面向国防创新概念探索与先进军事技术开发应用、旨在快速形成先进武器装备样机的产学研一体化国防创新平台。

科技园自2018年成立以来，持续扩大设施、人员、研究领域和合作机构规模，优化运行管理。2020年，科技园部署6个实验室和超600种实验设备，建成库里宾迷你生产厂；新增端到端数字技术、智能雷达与精确制导武器系统等研究领域（累计达16个领域）；与30所高校签署联合研发合作协议；为5个科技连补充100多名优秀高校毕业生，并筹划2021年再增3个科技连；成立科技园科学协调委员会；推出介绍科技园科研成果的内部刊物；编制完成科技园专项联邦法草案；启动科技园发展专项基金创建工作①。

三、国家创新科技中心

“国家创新科技中心”是俄罗斯近年着力建设的一类以重要科研教育机构为主体、以政企学各界力量为支撑、面向两用关键技术研发应用的集群式科技创新平台。继2017年出台《创新科技中心法》和2019年批准创建“莫大麻雀山”“天狼星”“门捷列夫谷”3个创新科技中心分别开展人工智能、航天、化学等领域科技活动之后，2020年，俄罗斯政府批准以远东联邦大学为主体创建“罗斯”创新科技中心，开展海洋、生物和信息通讯技术领域研发活动，并提出《创新科技中心法》修订案，进一步明确对申请创建此类平台主体的具体要求标准，拟下放部分审批权限，加快平台建设审批速度。

第五节　其他国家的国防技术转移平台

德国的科研机构分为三大板块：一是高等院校；二是经济界的研究中心；三是高校以外的公立研究机构。其中，高校是德国科研体系的核心力量；经济界研究中心无论是在经费投入还是在承接科研任务方面，均占到2/3的份额；公立的研究机构主要有马普协会、弗劳恩霍夫应用研究促进协会、赫姆霍茨联合研究中心等。其中，马普协会是德国最重要的基础研究机构，赫姆霍茨联合研究中心主要为科研人员研制大型的仪器设备并提供相关的基础设施，弗劳恩霍夫应用研究促进协会则定位于专门从事应用型研究，尤其是技术导向性应用研究，它向工业企业、服务行业和公共事业单位提供信息服务，实现科技成果的转让。下面重点介绍弗劳恩霍夫应用研究促进协会的情况。

---

① 马婧，赵超阳．2020年俄罗斯国防科技管理领域发展综述［EB/OL］．https://www.163.com/dy/article/G39E5FH10515E1BM.html，2021-02-20.

1949年3月26日，以约瑟夫·冯·弗劳恩霍夫的姓氏命名了一个新成立的协会：弗劳恩霍夫应用研究促进协会，是当时欧洲最大的应用科学研究机构，总部设在慕尼黑。它是一个公助、公益、非营利的科研机构，为企业（特别是中小企业）开发新技术、新产品、新工艺，协助企业解决自身创新发展中的组织、管理问题。

从性质上看，弗劳恩霍夫应用研究促进协会是一个政府投资的社会公益性“企业”。首先，它是政府为确保研究的公益性而对市场失效领域的研究进行投资而设立的，按照德国的相关规定，协会是用纳税人的钱支撑的，不能与纳税人竞争，研究机构生产的产品不能与生产部门和企业在市场上竞争。它必须是非营利性的，即协会不会从新技术或创新的商业运作中直接获得利益。其次，它是一个具有相当自主性的企业，政府对它的投资没有任何附加条件，在科研上，它具有一定的自由度，同时，为了自身的发展，它向工业企业或政府部门提供的研究服务是有偿的。

从运营方式看，德国弗劳恩霍夫应用研究促进协会在政府资助下，以企业形式运作，官产学研相结合，公益性地进行应用科学研究，这种独特的运营方式逐渐被各国称为“弗劳恩霍夫模式”。这种模式是沟通基础研究、应用研究、开发研究的高效平台，是联合科技界、教育界、产业界、政府的桥梁和纽带。弗劳恩霍夫协会创造了一个企业、大学和政府合作的成功机制。这个组织中的每一个合作者都发挥着其特定作用，都对这个组织有所贡献。大学承担基础研究工作和培养学生及雇员的重任；政府在自己的实验室进行应用性研究并为弗劳恩霍夫协会提供财政支持以保障研究的最低成本；工业企业负责签订研究合同并提供制造条件和营销能力；弗劳恩霍夫协会的研究机构培养工程人员并致力于基础研究和工业应用之间的应用研究。它们之间的相互作用在技术商业化方面创造了可观的效益。

从领导方式看，弗劳恩霍夫协会受独立的会长领导，会长是协会执行委员会主席。该委员会对影响整个机构的决策负责，受监事会的监督。监事会由来自私有和公共部门的代表组成。总部对研究所工作进行监督和管理。所长由总部董事会任命。各研究机构的领导者都是训练有素的研究专家，通常为大学的全职教授，他们在弗劳恩霍夫协会中都取得过成功。这些成功源于其在各自技术领域中的杰出表现，也反映了其善于与有着不同目标的各方面进行合作共事的能力。对于弗劳恩霍夫协会下属的研究所，其研究计划、经费使用和人员聘用都由所长负责，选聘人员的范围是世界性的。各类工作人员的待遇公开透明，加上外部审计制度，有效地保证了经费不被滥用。

从专利拥有情况看，虽然弗劳恩霍夫模式是政府、大学、企业之间的共同体，但专利政策有利于弗劳恩霍夫研究机构本身。大多数工业合同研究得益于权利保护期超过50年的几千件技术专利，而最大的获利者则是弗劳恩霍夫研究机构本身。大多数技术创新的专利为弗劳恩霍夫研究机构所拥有，而不是为企业或大学所拥有。弗劳恩霍夫研究机构的非赢利性质使大学和政府的资金组合获得了合法地位。这就意味着，弗劳恩霍夫组织的回报不仅仅取决于新技术或创新的商业化的收益。相反，由于政府等渠道的基金支持，弗劳恩霍夫组织能够开发出可以占有市场的新工艺、新生产方法和产品。因此，“与工业或商业企业相比，弗劳恩霍夫的成功之处在于，它可以从政府获得30%的资金，这就使得弗朗霍夫研究机构保持技术开发与扩散的领先地位。”

从研究领域看，德国弗劳恩霍夫协会的研究共涉及8个领域：材料及组成；电子和微系统；生产技术；信息和通信；能源、建筑、环境和健康；加工工程；传感系统、测试技术；技术和经济研究。在任何一个研究领域，弗劳恩霍夫协会研究机构的服务均包含以下三项。

（1）产品和加工技术的最大化，产品原型和新流程的改进和开发。

（2）支持新的技术、组织和操作方法的引进。

（3）技术咨询（提供技术信息和建议、可行性研究、技术和生产趋势分析、市场调查、经济活力的预算分析、提供获得财政支持的可能性、质量和安全性认证）。

从研究经费看，弗劳恩霍夫协会的研究经费来源于多种渠道，通常分为“非竞争性资金”和“竞争性资金”两大类型。“非竞争性资金”主要包括中央和地方政府及欧盟投入的科技事业基金、联邦国防部等部门下拨的专项资助等；“竞争性资金”则指公共部门的招标课题、企业研发合同收入及政府对此类合同的补贴、民间基金会的资助等。政府的科技事业基金和来自企业的研发合同收入是协会的两大主要资金来源。如此一来，如何通过两类资金的合理分配和使用、以财务手段促进事业发展就成了协会资金管理的关键。为此，协会于1973年在政府和社会各界的支持下，对传统财务管理制度进行了大胆的改革，通过将“非竞争性资金”的再分解而推出了著名的“弗劳恩霍夫财务模式”。这一模式的核心是将政府下拨的事业基金与协会上年的收入水平挂钩，以此作为对各个研究所分配经费的依据。首先将国家下拨的事业费中的少部分（约占1/3）无条件分配给各研究所以保证战略性、前瞻性研究，而其余大部分则同研究所上年的总收入和来自企业合同的收入挂钩，按比例分配。根据这一财务模式，研究所科研经费的理想结构，应为“非竞争性资金”占20%~30%，“竞争性资金”占70%~80%，其中“非竞争性资金”的一半应来自企业合同，另一半则来自联邦政府、州政府乃至欧盟的招标项目。实践证明，这种做法既保证了科研机构基本公益目标和基本运行秩序的实现，又有效地提高了“非竞争性资金”的使用效率，提高了各研究所开拓客户资源和自主发展的能力。因此，这一模式推出之后一直受到国内外的高度关注，已成为许多欧洲国家建构新型科研机构财务管理制度的主要参考样本。

从技术转让角度看，大学通过提供教授和高学位学生的技术专业知识与基础研究成果向弗劳恩霍夫协会转让技术。实际上，学生占了协会员工中的40%。雇用的学生工作时间长、报酬低，却从事正式的、拿高报酬的正式研究人员的所有的工作。弗劳恩霍夫的收益便在于其以低成本获得了先进的专业知识。对于大学和参与研究的学生而言，他们也同样受益匪浅。弗劳恩霍夫协会的产业和公共研究合同以及它先进的技术突破了大学资源的局限性，为知识和技术的推陈出新提供了良机。

第九章　典型案例

第一节　美国国防技术转移典型案例

多年来，美军持续通过国防创新小组、敏捷办公室、技术桥、创新工厂等多种方式，加速民用尖端技术向军事领域的转化应用。

一、“军转军”技术转移案例

在军用技术向军队转移方面，DARPA 是典型的例子。DARPA 项目完成后，项目执行者或其他人员使用非国防部资源进一步进行技术开发，然后将开发的技术出售给联邦政府或商业市场，实现技术的应用、产品化或商业化。DARPA 的技术转移路径主要包括：用于具有明确目的的作战任务，最终用户组织包括军方、国防部其他机构等；由国防部其他部门在 DARPA 项目完成后继续开发、使用或应用技术；由国防部以外的其他联邦政府机构为技术开发提供资金支持并参与管理活动，或借用 DARPA 技术进行产品开发。DARPA 资助的项目直接在科技领域用于开发标准或定义好的技术基准①。

2012 年—2017 年任 DARPA 局长的阿拉提 · 普拉巴卡尔提出了许多改革措施，受到好评。这些措施包括：充分利用竞赛等形式，推动全社会参与 DARPA 创新活动；主办和参与多类型的研讨会、成果展示会，宣传推广 DARPA 思想和技术成果；加强同军方的联系，通过在局长办公室设立参谋长等职务，搭建 DARPA 与军队用户部门沟通桥梁；强化与军种研发部门合作，通过设立临时性专项计划办公室、改组专职演示验证与成果转化的技术使用执行办公室等举措，推动技术成果的快速转化。有研究人员以 DARPA 发布的 2019—2023 财年研究、开发、试验与鉴定预算申请文件为依据，对这 5 年期间 DARPA 的经费预算总体情况和各科研活动阶段投向趋势进行了分析，发现该局国防科研活动的一个特点是，注重加强与工业界和军兵种的结合，实现研

---

① 美国最具代表性四大科研机构科技成果转化模式分析［EB/OL］. https://www.sohu.com/a/244136145_465915.

究成果向军兵种快速过渡转移，以提升美军的未来作战能力。

二、“民转军”技术转移案例

（一）UTAP-22“灰鲭鲨”新一代无人机

2016 年 10 月，国防创新小组授出单一来源合同，由克瑞拓斯公司与 Kratos 公司合作研发出 UTAP-22“灰鲭鲨”新一代无人机，该机具备高机动性、隐身性等多重优势，目前已投入使用，并于 2017 年 6 月至 8 月进行了携带传感器与有人驾驶飞机编队相配合的试验飞行。2021 年 4 月 29 日至 5 月 5 日，集成了“AI 大脑”——自主核心系统（ACS）的 UTAP-22“灰鲭鲨”无人机从廷德尔空军基地起飞，在墨西哥湾上空进行了 3 次“自主可消耗飞机试验”项目试飞。UTAP-22 无人机全称为“无人战术空中平台-22”，长约 6.1m，翼展约 3.2m，全重约 930kg，内部载荷为 160kg，两侧翼尖可分别挂载 1 具 45kg 重的电子战吊舱或重量相当的武器。最大飞行马赫数超过 0.91，航程约 2600km，续航时间超过 3h，最大升限达 15000m。UTAP-22 无人机能够携带制导炸弹、空空导弹等武器和多种先进传感器，作为有人驾驶战斗机的“忠诚僚机”，或单独作为高速察打一体无人机使用，还具备蜂群作战能力。该机外形简洁、造价低廉，具备较强的突防能力和一定的隐身能力①。该机价格低廉，已初步验证了有人/无人编队的可行性，美军正继续挖潜，全面赋能新兴作战样式②。

（二）“威胁暴露快速评估”项目

2019 年 10 月，美国国防部国防威胁降低局、国防创新小组与荷兰皇家飞利浦公司合作启动“威胁暴露快速评估”（RATE）项目，旨在开发一种基于人工智能算法的可穿戴式检测技术，通过与可穿戴式设备收集的人体体征数据进行比对，可以提前 48 小时发现未出现临床症状的患者，有助于对大规模传染性疾病进行早期诊断和预警，缩短防疫反应时间。该技术可将检测诊断功能集成到商业化可穿戴式设备中，如运动手表、指环、手环等，不需要研发新传感设备，可将技术快速转化为应用。该项目开发的可穿戴式智能健康检测技术可以实现军地两用，该技术智能化程度高，可靠性强，成本低，操作便捷，不仅具有市场核心竞争力，也可以在部队即时部署，经济和军事效益显著，应用

① 集成 AI 大脑的美国 UTAP-22“灰鲭鲨”无人机试飞［EB/OL］. http://mil.news.sina.com.cn/blog/2021-05-14/doc-ikmxzfmm2463293.html,2021-05-14.

② 从 Kratos 公司项目谈美无人机技术发展趋势［EB/OL］. https://www.360kuai.com/pc/92317a2a1254f89c5?cota=3&kuai_so=1&sign=360_57c3bbd1&refer_scene=so_1，2022-04-19.

前景广阔。

（三）汽车网络安全研发

美国陆军战斗能力发展司令部（CCDC）地面车辆系统中心（GVSC）与通用汽车（General Motors）宣布了一项新型合作研发协议（CRADA），在未来2年内，双方将合作提升汽车网络安全方面的专业能力。此次是GVSC与整车制造商首次在汽车网络安全方面展开合作，双方的网络安全专家将分享开展渗透式测试和网络安全风险分析的最佳实践、工具和方法。除了提升汽车网络安全之外，这两个组织还计划与美国汽车工程师协会（SAE）分享有关制定通用标准的重要经验。2名陆军工程师将与通用汽车公司的工程师一起工作，同时将有一名通用汽车的专家与陆军地面车辆网络安全小组一起工作。通用汽车的多层网络安全法确保产品从概念至量产都非常安全，而且该公司一直采用灵活的研发方法，在复杂、真实的环境中进行全面的测试，并且持续进行监控，将风险降至最低。随着美国陆军在自动驾驶技术和人工智能技术方面不断取得进步，其在车辆网络安全方面的研发也取得了进展。通过诸如密歇根经济发展公司的网络卡车挑战赛、与行业内及其他政府机构合作，以及不断增强汽车网络等方式，在这一不断增长的领域内，美国陆军正在采取一种全面的研发方法。在CRADA协议下，该汽车网络安全工作预计会延长至2021年。美国陆军CCDC GVSC是美国国防部最重要的地面车辆技术研究、开发和工程中心。设于底特律兵工厂（Detroit Arsenal），毗邻通用汽车全球技术中心（Global Technical Center），该技术中心位于密歇根州沃伦。GVSC独立研发技术并与国防行业和汽车行业的合作伙伴合作，是将新兴技术集成至地面车辆系统的领先集成商，其以模拟虚拟和物理方式构建原型的能力闻名遐迩。通用汽车防务公司（GM Defense LLC）在全球航空航天、国防和安全市场上为汽车和动力应用提供整车、动力和推进系统、自动驾驶系统、移动出行和安全解决方案①。

（四）近地轨道系统

2023年8月，美国太空发展局选中SpaceX公司、柯伊柏政府解决方案公司和阿雷利亚技术公司，联合研究商业系统如何服务军方。这项研究将主要分析商业或其他现有的近地轨道系统与军方近地轨道卫星实现互联，从而为美军提供从终端到网络的宽带数据连线，以进一步提高美国太空资产的弹性。

---

① 通用汽车与GVSC签署合作研发协议致力于提升汽车网络安全［EB/OL］. https://www.xianjichina.com/special/detail_424063.html，2019-10-16.

三、“军转民”技术转移案例

（一）MetBench 自动校准系统

2014 年 4 月 16 日，专利许可协议签订仪式在加利福尼亚州诺科举行，美国国防部最大的伙伴中介机构 TechLink 促成了这个具有历史意义的协议。该协议把海军水面作战中心（NSWC）科罗纳分部的 MetBench 自动校准系统专利许可给了美国技术服务公司（ATS）。此协议具备两个“第一”：其一，它是科罗纳分部签订的第一个许可协议；其二，它还是科罗纳分部的第一个交换授权协议，海军把技术授权给商业厂商，同时，作为交换，商业厂商也把技术授权给海军使用。这个独一无二的协议同时实现了军转民和民转军，使海军能够吸收市场驱动的先进技术，而无需额外费用。MetBench 技术能够自动校准以前由手工完成的程序，目前已在 160 艘海军水面舰艇、28 艘潜艇和多个海军岸上校准实验室进行了安装，截至 2017 年，该技术预计节省 6500 万美元。在授权协议仪式上，技术转移办公室的代表 Jennifer Stewart 认为：“该协议的签订归功于 TechLink 团队，TechLink 为这一历史性协议发挥了决定性的作用。如果没有 TechLink 资深技术经理和软件授权负责人，这一天是不可能到来的，科罗纳分部和 TechLink 一起庆祝这项协议的签订。”

（二）“西格玛”项目

2020 年 9 月 4 日，DARPA 宣布“西格玛”（SIGMA）项目已向应用转化，系统部署于纽约和新泽西港务局的重要交通枢纽，用于探测放射性及核威胁，确保美国主要大都市的安全。该项目于 2013 年启动，旨在开发辐射探测器，探测放射性及核威胁，应对美国当时面临的最大国内安全威胁——放射性与核“脏弹”。鉴于“西格玛”项目难以全面应对恐怖分子和部分非国家行为体等的化学、生物、放射性、核及高当量爆炸物（CBRNE）等的威胁，DARPA 于 2018 年 2 月在“西格玛”项目的基础上启动“西格玛+”项目，旨在利用态势感知、数据融合、分析学以及社交和行为建模等领域的成果开发并演示一种实时、持续的 CBRNE 早期探测系统，实现对 CBRNE 全频谱威胁的有效探测与感知。“西格玛”项目基于美国本土放射性及核威胁探测能力的不足，通过采用新型先进技术研发便携式和车载探测器，今后或将在城市及地区范围内进行广泛部署与应用，势必有效提升美国的放射性及核威胁探测能力。同时，随着“西格玛+”项目的深入开展，研发的新系统有望组建超大规模的自动化、分布式核生化传感器网络，变革当前 CBRNE 大规模杀伤性武器的探测方式，显著提高阻止其攻击的可能性，未来可能广泛应用于美国本土防御、海外反恐行动，改进后甚至可能用于侦察对手国家的核生化武器。该项目是国防技术向民用领域转化的典型案例①。

（三）GPS 系统

全球定位系统（Global Positioning System，GPS）向民用开放便是典型的国防技术转移案例。GPS 是一个由美国国防部开发的空基全天候导航系统，用以满足军方在地面或近地空间内获取在一个通用参照系中的位置、速度和时间信息的要求，美国政府提供两种 GPS 服务：用于民用的标准定位服务（SPS），精度约为 100m；军用和得到特许的民间用户使用的精密定位服务（PPS），精度高达 10m。为了保障国家利益，美国政府对民用 GPS 精度采取了一种人为限制策略——选择可用性（SA），从而达到降低普通用户的测量精度、限制水平定位精度的目的，因此，民用 GPS 精度是军用的 10%。为了促进美国社会经济发展和技术创新，2000 年 5 月，美国总统克林顿宣布取消 SA 禁令，要求军方停止故意对民用的全球卫星定位系统信号进行的加扰，将该信号接收者的定位精度提高十倍，允许轮船、摩托车及行人都可以享受与军方同样精度的全球定位系统的服务，据 ASCR 联邦研究与技术对策公司提交给美国天基定位、导航、授时（PNT）咨询委员会的研究报告称：2013 年，GPS 对美国经济的贡献已经超过了 680 亿美元。这是美国将军用技术广泛用于民用领域、促进经济社会发展的成功例子。

（四）波音公司的技术转移

波音公司是全球最大的民用和军用飞机制造商，成立于 1916 年，以军用飞机起家。20 世纪 60 年代，波音公司开始进入民用飞机领域，逐渐确立全球民用飞机制造霸主的地位。1997 年，波音并购麦道公司后，将军用飞机和民用飞机业务进行横向合并。目前，波音公司的主要业务有民用飞机、军用飞机、电子和防御系统、导弹、火箭发动机、卫星、发射装置和先进的信息与通信系统等。

利用军民两用技术的高度正相关和军品技术的溢出效应，波音公司在 20 世纪 60 年代研制出了垄断世界航空市场的波音 707 客机。据 1972 年美国国防部、NASA 和运输部共同完成的专题报告称：在波音 707 飞机的研制中，从军用型号向民用型号的技术转移量超过了 90%。波音 707 是波音系列飞机首部四喷射引擎发动民航客机，是在为美国空军研制 KC-135 空中加油机的基础上研

① 申淼 . DARPA“西格玛”项目开始应用转化以保护美国大都市［EB/OL］. https://www.sohu.com/a/418996710_635792，2020-09-17.

制的喷气民航客机。波音公司之后又对其民航客机 707 进行改型，改造成军用型。包括美国在内的不少国家的空军购买了军用型波音 707 或对其进行改装，主要用于军事运输、空中加油、电子作战、预警。其 E-3 系列（E-3 Sentry“望楼”）是波音 707 数量最多的军用改型大型预警机，在外观上与民用机型有很明显的区别，在机身中部上方安装了一个巨大的雷达天线罩，此外，机内加装了大量相关电子设备，配备机载预警与控制系统（Airborne Warning and Control System，AWACS），能成为在作战战区中的指挥和通信中心。波音 747 还有一些著名的军用改型，如 E-4“国家空中指挥中心”，这是美国国家指挥体系的空中战略指挥所，即使爆发核大战，也能确保对全球战略行动的指挥。美国空军有 4 架 E-4，常年保持 24 小时升空，另一架试验型的军用波音 747-400F 属于大幅改进型，被装载到“机载激光武器系统”YAL-1，用来开展空中发射激光拦截弹道导弹的试验。

四、军民两用技术

美国陆军研究实验室总部位于马里兰州德特里克堡，在疫苗、治疗学、诊断学、医疗器械和医疗领域进行广泛的研究。该实验室的大部分发明都具有潜在的商业和军事用途，尽管有些发明适用于战场。

美国陆军研究实验室和马里兰大学的研究人员合作研发出一种新型正极，由卤素-石墨插层化合物制成，完全不含过渡金属，能够以高电位（4.2V）可逆地储存锂离子。这是水基锂离子电池技术的一大突破性进展，有望为士兵提供一种安全高效的锂离子电池，显著减轻电池重量。研究人员利用石墨中卤素阴离子（Br 和 Cl）的氧化还原反应，将无水 LiBr、LiCl 与石墨按质量比 2:1:2 混合，合成一种复合正极。高浓度盐水电解质（WiSE）将部分水合 LiBr/LiCl 限制在固体基体中，将其氧化后插入石墨基质，形成致密填充的石墨层间化合物。这一新的转换—插层化学机制同时具备了转换反应的高能量和拓扑插层的优良可逆性。新型复合正极的容量为 240（mA·h)/g，而常用于手机、笔记本电脑的 $LiCoO_2$ 正极的容量仅为 120~140（mA·h)/g。研究人员将该新型正极与锂离子电池盐水电解质（WiSE）和石墨负极，组装成 4V 水基锂离子全电池，测试表明，该电池的能量密度为 460（W·h)/kg，库伦效率为 100%，可实现 150 次稳定的充放电循环。该新型电池的能量密度比普通手机电池高出 25%，性能与当前最先进的有机溶液锂离子电池相当，证明不含过渡金属和有机溶剂的锂离子电池同样能实现高能量密度且具有优异的循环稳定性。新电池采用低成本安全的石墨复合电极材料，代替传统的价格高昂且具有毒性的钴、镍电极，提升了电池的平均电压，实现了更高的能量密度，具有更高的安全性，能够为士兵提供高密度、安全、可靠的能源，具有强大的抗机械滥用性，显著提高士兵的机动性和杀伤力，减轻后勤负担。除了士兵用的便携式电池，这种电池还有望用于飞机、舰艇、航天飞船的非易燃电池，以及民用便携式电子产品、电动汽车和大型电网存储等领域①。

美国陆军研究实验室和布朗大学研究人员组成的科研团队正在深入研究电池技术，以找到能够延长 GPS 设备、移动电话、战场手提电脑和包括机器人在内的其他单兵装备所用电池寿命的方法。根据实验室技术转让和推广办公室制定的合作研发协议，军方和大学研究人员正在试图解决锂离子电池阳极形成的固体电解质膜（SEI）的制备和表征技术难题。美国陆军研究实验室电化学研究所的研究人员称，他们正着力提高锂离子电池的电极电势。陆军也正在致力于用现有商业电池中能量密度最高的锂离子电池取代所有战场用的碱性电池和镍金属氢化物电池。由于美国陆军正在研制战地混合动力车，这意味着，锂离子电池将大有用武之地。同时，尽管该项技术还不太成熟，但是反应装甲和定向能武器等高能设备对锂离子电池有一定需求。陆军对锂离子电池中的固体电解质膜（SEI）表现出了极大的研究兴趣，这是因为固体电解质膜决定着电池的寿命周期和是否会有消耗电解液组分的副反应发生。固体电解质膜由液相电解液组分沉积形成，是一种电绝缘体，但能够允许锂离子透过，是在固体电极和液相电解液之间形成的一种新的材料相。在研究协议框架下，布朗大学将提供专业性研究成果，如原子力显微镜（AFM）和数据分析、合成手段、硅纳米线原材料和其他用于分析的沉积结构。美国陆军研究实验室将提供 AFM 原位分析的最优质的电解液和评估电解液的分析手段，包括原位原子力显微镜、拉曼光谱、X 射线光电子能谱和红外光谱。此外，美国陆军研究实验室还将提供原位原子力显微镜分析的样品和其他表面分析样品②。

第二节　英国国防技术转移典型案例

2016 年 5 月，国防技术与安全公司（QinetiQ Ltd）与国防科技实验室（DSTL）签订了合同，使英国军方能够通过使用先进材料保留其战术优势。该合同价值 1000 万英镑，5 年内 QinetiQ 将开发和测试防护材料，以保护英国的陆地、空中、海运和海底车辆免受下一代武器装备的威胁。该合同使 QinetiQ

① 王冉．美国陆军研究实验室水基锂离子电池取得突破性进展［EB/OL］．https://www.sohu.com/a/318330462_313834，2019-06-03.

② 门宝．美国陆军研究实验室和布朗大学开展军用电池延寿技术研究［EB/OL］．https://www.sohu.com/a/164642042_313834，2017-08-15.

可继续使用 DSTL 于 2012 年资助建立的世界级研究设施。为确保相关技术实现更大的价值，合同允许 QinetiQ 将其未分类的知识产权转移到商业和海外市场，如近期 QinetiQ 将其技术应用于风电场，向法国政府提供咨询，看计划的涡轮机是否会干扰天气雷达。该合同资助的设施不仅推进了英国的尖端技术发展开发，从而使英国保持相关战场优势，同时还开辟了支撑英国工作、企业和学术界的商业供应链。

英国航空航天产业始于军用领域，在两次世界大战中军用飞机得到飞速发展，战后主要转向和平利用，有力地推动了英国商业飞机产业的发展。英国航空航天领域现有 3000 多家公司，包括大型航空航天公司，如 BAE 系统公司、GKN 公司、Rolls-Royce、空客公司、Cobham、Agusta Westland、Finmeccanica、Thales，此外，还有跨国公司的子公司，如波音公司和庞巴迪公司，以及数量众多的中小型企业。英国还于 2010 年 3 月成立了其航空航天产业的最高政府管理部门——英国宇航中心（UK Space Agency），用来取代英国国家太空中心（BNSC）。该机构对于推动英国航空商业化进程功不可没，设立的目的是推动英国空间产业技术发展，使其拥有国际竞争力，并推动民间产业发展和科研院所研发水平提升。与 BNSC 相比，宇航中心在推动航天产业军用技术成果转化方面有更大权限和责任①。

据英国简氏防务网站 2022 年 12 月 20 日报道，英国国防部已启动一项旨在满足其未来军用固定翼飞机需求的计划。该计划将由英国国防科学技术实验室主导研发，英国国防部于当地时间 19 日发布了未来固定翼飞机概念与相关技术的公告。英国国防部表示："为解决其在空中环境下的未来挑战，需要在空中作战、空中 ISTAR（情报、监视、目标获取和侦察）以及空中机动领域，继续研究和开发固定翼飞机的概念、技术和理论知识。"公告中还提到，"该项目旨在探索研发方向，并在项目范围内交付对该固定翼飞机计划具有高潜在价值的研发任务。研发任务将伴随对新型固定翼飞机整体概念级评估，以了解系统级效益和研发路径。技术范围囊括机身结构和制造、空气动力学和飞控系统，还包括发动机推进系统和武器集成以及飞行器有效载荷能力。"《简氏防务周刊》称，根据公告所述，该项目初始资金为 300 万英镑（约 2500 万元人民币），具体项目指标计划后续将发布。据悉，英国国防部计划整合国内的航空产业，打造一个航空制造联合体来负责该项目②。

---

① 彭春丽 . 英国航空航天产业军民融合实践与启示［J］. 中国军转民，2013（10）：64-67.

② 英国防部启动未来固定翼飞机研究［EB/OL］. https://www.360kuai.com/pc/97c21ca1ed24934ea?cota=3&kuai_so=1&sign=360_57c3bbd1&refer_scene=so_1，2022-12-21.

第三节　日本国防技术转移典型案例

日本防卫省计划将民用尖端技术转化应用于装备，而防卫装备厅也组织发现日本重工、电机、电子零件制造商的自有尖端技术，并向研发小型大输出功率电源、高精度传感器等相关技术的民营企业提供研发经费，在2~3年内择优挑选出几项先进技术，加速装备技术研发[①]。在此前，日本一直开展国防技术双向转移，比较典型的案例如下。

日本宇宙航空研究开发机构（JAXA）在2003年成立之时就设立了一系列措施，以利用航天领域拓展工业系统。其中措施之一就是采用应用型的、有竞争力的策略。同时，JAXA还成立了一个合作部门，该部门的目标就是拓展太空产品的市场，使其多样化，并且促进JAXA知识产权向非航空领域的转移。绝缘体上硅技术（Silicon-on-Insulator）一直用于发展航天半导体芯片，该技术不仅能够提升半导体芯片的抗辐射能力，而且能够让半导体芯片在高温环境下有高耐久力，降低半导体芯片所需电压。通过绝缘体上硅技术，JAXA研制出了一款软错误十分低的半导体，用于制造卫星。2004年，绝缘体上硅技术还只有JAXA掌握，不仅航天领域需求大，民用半导体行业需求也很大。JAXA与三菱重工和日本冲电气公司合作，发展这项技术在地面的应用。三菱重工将该技术应用于制作半导体设备，配备到建筑施工机械上，而冲电气公司将其用于汽车半导体的制造。另外，该项技术还用于医学设备和机器人的半导体制备。然而，由于日本对于抗辐射绝缘体上硅技术的地面应用需求不大，JAXA主要将该航天技术出售给国外的航天工业。

三菱重工业株式会社（Mitsubishi Heavy Industries）是日本的综合机械机器厂商，也是日本最大的国防工业承包商，为三菱集团的旗下企业之一。业务范围相当广泛，涵盖交通运输、航空航天、能源、武器装备、船舶、电动机、发动机、空调设备以及其他各种机械设备的生产制造，是日本军用飞机和直升机、水面舰艇和潜艇、制导武器、空间系统、军用发动机等的重要主承包商，也是核电厂设备与工程及民用飞机部件的主承包商。从三菱重工的业务领域及各部门架构可以看出，三菱并没有将军用和民用的领域划分得清清楚楚，很多地方两者都是交叉出现，亦军亦民，相互融合。例如，在交通运输领域，名义上是民用领域，主要研制车辆、船舶和飞机，为交通提供便利，但是这些技术

---

① 推进国防科技管理创新变革，深化军事战略竞争［OL/OB］. https://baijiahao.baidu.com/s?id=1735461223547044124&wfr=spider&for=pc，2022-06-13.

也可转换成生产，包括海、陆、空为一体的军用坦克、军舰或战机。

YS-11 是一种日本在第二次世界大战后首次开发自制的螺旋桨民航机，目前已停产，并在日本退役。YS-11 是日本设计制造的第一款客机，第二次世界大战结束几年之后，由于设计者及制造公司在战前设计生产过军用飞机，因此，YS-11 的设计风格受到军用飞机的影响。YS-11 整体布局明显借鉴了美制 C-47 等上一代活塞式运输机，采用流线型机身，两台发动机安装在机翼上的短舱内，起落架装置收在发动机短舱内。具有军用风格的螺旋桨客机 YS-11，改造后曾经供自卫队使用，海上自卫队拥有 10 架，航空自卫队拥有 13 架，海上保安厅拥有 5 架。

第四节　俄罗斯国防技术转移典型案例

俄罗斯等独联体国家的军品科研投入的主体是国家，例如，武器设计院科研投入中国家投入占总量的 50%~70%，其他投入包括科研成果有偿使用收入、横向合同等。科研成果有偿使用方式主要是从产品的销售额中提取一定比例的有偿使用费，作为军品科研投入的补充，有偿使用费提取总量约占科研投入总量的 25%。提取比例按不同情况分为两种：一种是对武器设计局与生产企业组成联合体的，其产品有偿使用费提取比例由联合体内部协商确定；另一种是对未成立联合体的，根据产品生产批量和机型情况不同，俄罗斯的设计局可获得工厂产品销售额 5%~25%的提成，乌克兰的设计局可获得的产品提成比例为 4%~20%，具体视订货量大小而定。另外，为了使国家武器设计局保持竞争优势，持续稳定发展，俄罗斯等独联体国家政府也积极争取武器装备外贸合同，使其从中获得更多收益。俄罗斯国防技术转移的典型案例如下。

（1）俄罗斯遥感数据的商业化。在苏联航天工业的良好基础上，俄罗斯的卫星遥感技术占据世界领先地位。虽然俄罗斯将高分辨率（尤其是优于 1m）遥感卫星图片视为国家机密，但为了与其他国家争夺遥感卫星数据服务的国际市场份额，俄罗斯研制出了多种商业遥感卫星，加入到了国际竞争行列。2015 年 4 月，在俄罗斯航天局与联合火箭航天公司合并之前，其行政管理部负责人就表示：目前，航天局已经圆满地完成了保证国家拥有所需要的航天数据的任务，因此，下一步就是将俄罗斯航空飞行器中获得的遥感数据投入市场，从 2015 年开始，俄罗斯启动了航天数据以及图像交易方面的活动。在联邦航天局改组成国有企业后，该局拥有了更多的人力资源和数据资源，这也是其将数据投放市场的基础。俄罗斯联邦航天局已经形成了以国际市场价格为基准的卫星图像价格政策，但是考虑到俄罗斯在此领域还是第一次尝试，因此，联邦航天局采取了低于市场价的策略来吸引消费者①。

（2）俄罗斯火箭军转民。俄罗斯是世界上最早开始进行国际商业航天发射的国家之一。在冷战期间，为使过剩的运载火箭生产能力充分发挥作用，苏联于1983年决定将“质子”号火箭用于商业发射。但由于冷战的影响，以美国为首的西方国家害怕苏联通过发射西方卫星获取先进的卫星技术，因此，阻断了苏联进入商业发射服务市场的设想。在苏联解体、冷战结束后，航天领域的预算大幅度下降，为了维持航天强国的地位，俄罗斯决定凭借其在航天领域的技术优势积极开展国际合作。从1995年开始，俄罗斯先后与几家西方公司展开合作，通过协议的方式共同销售运载火箭，从而进入国际商业发射市场。1996年4月9日，在拜科努尔发射场，“质子”号运载火箭成功地进行了首次商业发射，将美国休斯公司制造的欧洲广播卫星“阿斯特拉”（Astra）送入地球同步转移轨道②。目前，除“质子”号运载火箭外，“俄罗斯联盟”号、“宇宙”号、“起飞”号、“天顶”号、“第聂伯”号、“静海”号及“波浪”号也分别通过自身的市场渠道或与欧美公司合作等方式，相继开展国际发射服务。俄罗斯承揽商业发射所使用的运载火箭大部分是在俄罗斯洲际弹道导弹基础上改装而成的，只有小部分是专门为发射卫星而研制的。通过采用“弹改箭”的途径，既可提高火箭可靠性，同时又能降低发射成本，使俄罗斯火箭在参与国际商业发射竞争中处于有利地位。另外，俄罗斯商业运载火箭的发射覆盖了从低轨到高轨的大部分轨道，能够满足多种轨道的发射要求，增强了其在商业发射市场中的竞争力。除作为商业发射主力的“质子”号火箭取得了骄人的成绩外，因发射载人飞船而一举成名的“俄罗斯联盟”号及海上发射的“天顶”-3SL运载火箭在商业市场发射中同样有着不俗的表现。目前，俄罗斯的火箭在国际商业发射市场上仍有不小的份额。

（3）俄罗斯飞机军转民。俄罗斯军工企业成功地将军机改装成民机，如1995年，图波列夫设计局将一款轰炸机成功的改型为前苏联第一架喷气式客机，交付苏联民航总局使用。此后，又将另一款轰炸机改型为大型涡桨洲际客机③。此外，货运飞机和直升机还考虑到军民两用的要求。大部分俄罗斯运输机具有在土机场上起降的能力，以适应战时的需要，起落架采用了粗短结实的支柱和多个低压轮胎。重型直升机的载重和起飞总重非常大，如直升机米-26载重达20t，起飞总重56t，若作为军用，可载100名士兵。在以军带民的过

① 史伟国．全球高分辨率商业遥感卫星的现状与发展［J］．卫星应用，2012，3：45-52.

② 曲晶．俄罗斯商业航天发射现状及其前景［J］．国际太空，2008，1：30-34.

③ 王加栋，白素霞．美俄航空工业军民融合发展战略及其对我国的启示［J］．工业技术经济，2009（2）：41-45.

程中，俄罗斯充分利用军机的销售和服务网络支持民机的发展和市场推广，努力向其军机出口市场上推销民用飞机，如在马来西亚、拉丁美洲等军机市场试推销其民机。总之，俄罗斯国有军工企业利用军民技术相关性和市场的关联性，通过技术转移、技术溢出以及营销网络共享促进了民机产业的发展，调整了航空企业的产业结构。

总　结

当今世界，日益激烈的大国竞争是政治、经济、军事、科技等多方面的综合竞争，其中，科技是国防实力的基础，如何加强基础科研并促使科研成果快速转化为战斗力，是各国科研管理中的焦点。多年来，以美国为代表的西方各国在国防技术转移方面建立了一套完善的管理体系，积累了丰富的经验，为其占据国防领域的技术优势奠定了基础。但是，当前层出不穷的新技术超出了传统认知，其转移转化的机理和模式都对当前的管理体系是一个挑战，美国国防创新委员会在《治理“死亡之谷”报告》中提出了 5 条建议，也是未来国防技术转移的发展方向。这 5 条建议如下。

一是改革投资管理制度。在军种采用统一的投资策略，增加产品化投资，为各军种投资负责人提供人员、预算和授权；改革研究实验室，在确保开发军事专用技术的同时，加快商业技术引入；制定政策防止重新分配已经公布的投资资金，并确保及时决策和有效沟通，以便商业公司紧密围绕国防部要求制定计划；将投资业务列入国防部正式采办要求予以实施，并为之提供人员、装备和培训；采用军地通用财务指标，便于各方清楚理解和审计；发挥国防部长办公厅的战略性投资职能，重点关注各军种独立投资无法满足国防部任务需求的领域，包括：利用国防创新小组和国家安全创新网络进行前沿技术发现，开展全面市场调研；加强国防创新小组、战略资本办公室与国防采办大学的合作，为投资业务提供专业培训；发展军种尚未应用的新兴技术；建立新供应链；提供融资和信贷额度；开拓国际市场并建立技术中心。

二是加大投资放权力度。加大对国防创新小组和战略资本办公室的授权范围（如债务、股权、资助、协议、合同等方面），为其代表国防部在技术发现、工业基础融资、供应链和国际市场等方面进行战略性投资提供便利。

三是强化军地需求对接。利用国防创新小组的地方机构，作为一站式的跨军种联络站点，促进初创企业与国防部的互动。在国防创新委员会下设立一个常务小组委员会，或者新成立一个咨询委员会，目的是促进国防部与私人投资者之间更好地了解彼此的需求。

四是设立转化专用资金。设立“绿洲”资金，解决“死亡之谷”投资侧和采办侧之间存在的时间错位、投资组合与采办计划错位问题，帮助初创企业完成产品化。每年向国会报告投资情况，并接受其监督。

五是提升采办管理效能。利用国防创新小组、国家安全创新网络和海军敏捷办公室进行技术发现，制定奖励和晋升等激励措施，鼓励国防官员更多采用可行的商业方案来替代国防研发；将跨军种信息技术列入重大采办计划，提升国防部的信息技术水平，为人工智能时代做好准备；采用工业4.0技术，并为新能力的应用设定时间表；采用项目组合管理，提高购买力和采购灵活性，包括与初创企业的合作；全面修订有关的合同和晋升激励措施；尽可能减少国防部监督，将重点放在创建采办管理工具上，而不是制定规则上。

附件 1　美国国防部技术转移（T2）计划

国防部指示 5535.8《国防部技术转移（T2）计划》是美国国防部技术转移的重要文件。为了与原文件保持一致，此部分体例格式与正文略有不同。

国防部指示 5535.8
1999 年 5 月 14 日
合并变更第 1 次，2018 年 9 月 1 日[①]

主题：国防部技术转移（T2）计划

参考文献：(a) 国防部指示 5535.3，《国防部技术转移（T2）计划》，1999 年 5 月 21 日；(b) 国防部文件 5025.1-M，《国防部指令系统程序》，1994 年 8 月，经国防部指令 5025.1 授权，1994 年 6 月 24 日；(c)《美国法典》第 10 编第 2501、2506、2514、2516、2358、2371、2194、2195 条；(d)《美国法典》第 15 编第 3702、3703、3705、3706、3710、3712、3715 条；(e)～(o)，见附件 1。

1. 目的

本指示：

1.1　实施政策、分配职责，并根据参考文献 (a) 为技术转移项目的实施规定程序。

1.2　根据参考文献 (b)，授权发布国防部文件 5535.8-H。

2. 适用性

本指示适用于国防部长办公室（OSD）、各军种、国防机构和国防部现场活动机构（以下统称为“国防部各部门”）。

3. 定义

本指示中使用的术语定义见附录 2。

4. 政策

根据国防部指令 5535.3〔参考文献 (a)〕，美国国防部的政策是，与

---

① 注：根据 2018 年 7 月 13 日国防部发布的指导文件，变更 1 指定负责研究与工程的国防部副部长办公室作为主要责任办公室。

《美国法典》第10编第2501条〔参考文献（c）〕规定的美国安全目标一致，技术转移活动应是国防部国家安全任务的一个组成部分，在所有国防部采办计划中处于最高优先级的位置，并被视为国防部实验室和技术活动以及所有其他可能利用或有助于技术转移的国防部活动的主要活动。

5. 职责

5.1 国防部负责采办与技术的副部长属下的国防研究与工程署署长应监督本指示和国防部指令5535.3〔参考文献（a）〕的遵守情况。

5.2 国防研究和工程署副署长应：

5.2.1 满足《美国法典》第10编第2515条〔参考文献（c）〕中的要求，以：

5.2.1.1 监督国防部的所有研发活动。

5.2.1.2 确定使用具有潜在非国防部商业应用的技术和技术宣传的研发活动。

5.2.1.3 充当私营部门技术转移计划的信息交换中心，并以其他方式为技术转移计划提供协调和便利。

5.2.1.4 协助私营公司解决与国防部技术转移相关的问题。

5.2.1.5 就涉及技术转移计划的事项与其他官方部门协商和协调。

5.2.2 针对国防部各部门投资的科学技术建立核心技术转移确定机制。该程序见下文第6节。

5.2.3 美国政府和国防部对外国个人和组织参与国防部技术转移事务具有指导责任，确保其指导的有效性和一致性。

5.2.4 发布国防部文件5535.8-H，提供通用实践、程序和流程，以促进国防部与其合作伙伴之间的技术转移具有统一的方法。

5.3 各军种部部长和其他国防部机构负责人，包括国防部下属各局局长以及国防部长办公室首席参谋助理，应负责：

5.3.1 按照国防部第5535.3号指令第5.2节的规定，在其组织中实施技术转移计划〔参考文献（a）〕。

5.3.2 确保《美国法典》第15编第3710a条第4款第2项〔参考文献（d）节）中定义的所有国防部实验室和（或）技术活动，以及能够支持或实施技术转移计划的所有其他机构，应将技术转移工作作为完成项目的最高优先事项。

6. 程序

6.1 国防部各部门可参与并支持联邦科学技术转移计划，包括但不限于以下内容：

6.1.1　根据《美国法典》第15编第3710e条第7款第A项至3710e条第7款第C项〔参考文献（d）〕的要求，国防部各部门应向国家标准与技术研究所提供资金，以支持联邦实验室技术转移联盟（FLC）。

6.1.2　如适用，可使用国家航空航天局和国家技术信息局管理的国家技术转移中心与区域技术转移中心等官方资源。

6.1.3　鼓励支持美国倡议的持续计划或项目，如“新一代汽车合作伙伴”计划（PNGV）。

6.1.4　由于特定实验室任务，鼓励实验室人员参加会议、研讨会、讲习班和其他与任务相关的技术活动。

6.1.5　鼓励国防部实验室和（或）技术活动之间或国防部实验室与其他官方机构活动之间的合作努力。

6.2　鼓励国防部各部门使用对实现技术转移目标最有效的衍生替代、军民两用和衍生机制的任何组合。

6.2.1　技术转移计划能确保国防部计划尽可能充分利用国家科学和技术能力，以提高国防部部队和系统的效能。国防部开发技术的商业可用性有望通过提供利用规模经济和从更大的商业工业基地采办的机会，降低军事装备的采办成本。以下机制是国防部技术转移核心机制，因此应成为国防部各部门投资战略的一部分。该机制清单虽然广泛，但并不意味着排除其他机制。

6.2.1.1　联合研发协议（CRADA）。利用该协议提高研发能力，转移联合或独立开发的技术，以增强国防能力和民用经济。联合研发协议中的研发、谈判和改进成本及费用应通过实验室资源解决。

6.2.1.2　其他核心技术转移机制包括（按字母顺序排列）合同、合作协议、教育伙伴关系、人员交流、技术数据交流、赠款、其他交易、与大学的伙伴关系、专利转让、专利许可协议和其他知识产权许可协议、技术论文展示、技术援助以及技术评估。

6.2.2　该建议使国防部技术转移计划与国防部新采购战略的其他要素保持一致，该战略更加强调军民两用技术的开发和私营部门的附带作用。与技术转移计划相关的几个考虑因素促使了这一新策略。成本的可承受性是武器系统采购和维持的一个关键考虑因素，其中产品的商业采购提供了规模经济和由此产生的成本节约。国防部将经常受益于向商业部门提供国防部开发的技术，从而使国防部随后的采购可能受益于这种规模经济。

6.2.3　军民两用及衍生产品还利用了美国民用经济和技术基础固有的战略优势。国防部单一的采办战略可能会促使老旧系统的部署。

6.2.4　日益重视军民两用和衍生产品并不意味着国防部各部门内部研究、

开发、测试和评估（RDT&E）不再扮演重要角色。有些技术是国防部任务所独有的。一些技术能力可能会进行调整，使其完全适合国防部的应用。尽管有这些考虑，但重点有所改变。鼓励国防部各部门在技术转移中试验新的军民两用和整合机制。

6.3　附录 2 中定义的国防部实验室和（或）技术活动负责人应根据其组织的业务规划流程编制技术转移业务计划，该计划描述了国防部指令 5535.3 第 5.2.1 段至第 5.2.14 段中规定的职责〔参考文献（a）〕已在本年度解决。这些计划应确定未来一年的活动，并描述为改进该计划所做的努力。

6.4　为了履行其职责，作为国防部技术转移的中央权力机构和信息交换中心，国防研究与工程署署长需要国防部各部门提供各种报告。这些报告包括但不限于管理和预算办公室 A-11 通告〔参考文献（e）〕、国防技术转移信息系统（DTTIS）报告和国防部各部门业务计划。作为向国会报告要求的一部分，这些报告也有助于国防研究与工程署强调国防部技术转移的成功。国防技术转移信息系统和其他报告要求的详细信息，以及单独的国防研究与工程部门发布见下文第 7 节。

6.5　国防部指令 5535.3〔参考文献（a）〕要求国防部各部门负责人应为研发主管、经理、实验室负责人、科学家和工程师制定人事政策，使技术转移成为职位描述、工作绩效评估和晋升的关键要素。他们还需要确保研究和技术应用办公室（ORTA）的工作人员被纳入整个实验室或机构的国防部现场活动管理发展计划。完成该任务的程序包括但不限于以下内容：

6.5.1　在人员职位描述中包含与附件 3 类似的陈述。

6.5.2　包括国防部各部门技术转移业务计划中技术转移人员晋升时考虑的关键因素的确定。

6.5.3　为研究和技术应用办公室人员提供激励措施，如培训或未来的工作分配，以吸引最优秀的人员担任这些职位。

6.5.4　使技术转移知识成为所有实验室科学或工程工作公告所需的知识、技能和能力。

6.6　实施和执行可行的技术转移计划需要对人员进行教育和培训，包括所有科学家和工程师以及可能参与技术转移的其他人员。鼓励所有国防部各部门制定适用的全组织技术转移培训计划，为人员提供必要的知识基础和技能。一些培训来源包括联邦实验室技术转移联盟（FLC）、国家技术转移中心（NTTC）、技术转移协会、大学技术管理者协会、高等院校以及其他专业组织。

6.7　根据《美国法典》第 15 编第 3710b 条和国防部文件 1400.25-M〔参考文献（d）和（f）〕的规定，国防研究与工程署副署长通过各种机制对科技技术转移计划的成就进行表彰，包括对国防部联邦实验室技术转移联盟奖获得者进行现金奖励。

6.7.1　获得联邦实验室技术转移联盟奖励的人员可获得国防部现金奖励。该金额可提供给一名官方雇员，如果每个组织有多名官方雇员，则可适当分配。收到通知后，国防部各部门应向国防研究与工程署办公室提供其官方实验室技术转移联合体获奖者的姓名。如果有现金奖励，则应通过人事支付系统支付。

6.7.2　对于技术转移计划的具体成就，可通过颁发感谢信和其他形式予以认可。此类荣誉奖可颁发给个人和团队，包括在技术转移计划中取得优异成绩的官方雇员和非官方雇员。

6.8　专利是技术转移计划的原始工具之一，是描述创新特征和描述创新如何对用户有益的最清晰手段之一。保护知识产权的程序应包括以下内容：

6.8.1　对研发工作产生的发明进行评估。

6.8.2　对那些被选为具有充分利益以证明获得专利保护的发明提出专利申请和起诉。

6.8.3　通过支付所需的维护费用来确定哪些专利仍然可执行。

6.8.4　规定从国防部各部门的计划要素资金、间接费用账户、特许权使用费或其他款项或其他来源（如适用）中获取和维护专利和其他知识产权的成本和费用。这并不妨碍合作各方支付与知识产权相关的成本和费用。

6.9　国防部各部门收到的版税和其他款项的分配。

6.9.1　根据本节剩余部分的规定，因国防部各部门许可的任何发明而收到的特许权使用费或其他款项应支付给发明人或每位共同发明人。国防部各部门应每年向发明人或每位共同发明人支付至少2000美元，外加至少20%的剩余版税或其他款项。在没有外部证据表明共同发明人对发明作出了不同贡献的情况下，经国防部各部门相关法律顾问审查和批准，应假定共同发明人对本发明作出了同等贡献，并有权获得剩余20%的特许权使用费或其他款项的同等份额。如果在任何给定年份收到的专利权使用费或其他款项少于或等于2000美元，或者对于共同发明人，少于或等于2000美元乘以发明人数量，则全部金额支付给发明人，或者对于联合发明人，全部金额在共同发明人之间平均分配。发明者或共同发明者应每年从政府收到的任何特许权使用费或其他款项中获得其规定份额。

6.9.2　如《美国法典》第5编第4504条〔参考文献（g）〕所述，未经总统批准，每年向任何一个人支付发明相关的特许权使用费或其他款项不得超过15万美元。

6.9.3　当被授权时，国防部各部门或下属实验室可从版税或其他款项中向一些特定实验室员工提供适用的奖励，这些员工并非此类发明的发明人或共同发明人，但他们大大提高了这些发明的技术价值。当奖励以货币的形式支付时，此类支付可在任何级别进行，但须服从批准支付的国防部各部门或活动的授权，但此类支付不得超过第6.9.1段以及上文6.9.2段中规定的限额。付款可以是一次性的或年度的，当该员工不再受雇于该国防部各部门时，应停止付款。

6.9.4　通过上文第6.9.3条和第6.9.4条以及下文第6.9.5.3款，发明人应有权获得第6.1节所述的特许权使用费或其他款项收入，与发明日期无关。

6.9.5　特许权使用费或其他款项收入的转移和使用应根据以下要求进行：

6.9.5.1　特许权使用费或其他款项应在收到特许权使用费和其他款项的第二个财政年度（FY）结束前使用。

6.9.5.2　根据上文第6.9.1条向发明人转移专利权使用费和其他款项后，剩余款项可用于以下用途：

6.9.5.2.1　支付发明和其他知识产权的管理和许可附带费用。

6.9.5.2.2　增加国防部技术转移许可潜力的国防部各部门的其他活动。

6.9.5.2.3　符合国防部各部门研发任务和活动目标的科学研发。

6.9.5.2.4　奖励国防部各部门活动的科学、工程和技术人员。

6.9.5.2.5　促进国防部各部门其他活动之间的科学交流。

6.9.5.2.6　根据国防部的研发任务和目标对员工进行教育和培训。

6.9.5.3　国防部各部门应制定各自的规定，以确定下落不明1年或更长时间的发明人或共同发明人是否有权获得进一步的专利使用费。

6.10　美国政府和国防部旨在刺激经济竞争力、改革采购流程、整合民用和国防工业基地的举措，都强调需要改善实验室和（或）技术活动与行业和学术部门之间的互动。实验室和（或）技术活动应制订正式计划，以促进“整合”和“拆分”，消除实验室和（或）技术活动与私营部门竞争的观念，并与广泛的行业和学术界建立新的伙伴关系。可行的技术转移计划的实施和执行还需要适用的营销和推广形式。营销和推广活动的目的是沟通、告知或合作技术转移群体的利益相关者。

6.10.1　与建立和运营技术转移计划办公室或研究和技术应用办公室相关的成本与费用应来自国防部各部门的计划要素资金、间接费用账户、特许权使用费或其他来源（如适用）的其他款项。《美国法典》第15编第3710（b）条〔参考文献（d）〕要求国防部各部门应提供足够的资金以支持技术转移计划的运行。作为一个拥有200个或更多科学、工程或相关技术职位，为国防部技术转移计划提供协调、管理和运营的研究和技术应用办公室，应在所有国防部实验室和（或）技术活动中发挥作用，而不考虑单个实验室和（或）技术活动的资金问题。

6.10.2 国防部实验室和（或）技术活动负责人应制定程序，为与任务相关的技术转移活动提供支持，并确保技术转移项目配备充足的人员和资源。例如，项目要素资金可用于支付联合研发协议和其他协议的启动和谈判的成本和费用。这些程序应特别注意技术转移计划涉及的科学、工程和法律人员以及研究和技术应用办公室人员的工资与差旅费用的支付。

6.10.3 营销和外联活动是研究和技术应用办公室职能的一部分。鼓励国防部各部门利用多种手段开展营销和外联计划，例如：

6.10.3.1 高级信息技术（包括网站、搜索和〔或〕检索工具、网络广播和协作应用程序）。

6.10.3.2 个人和专业联系人。

6.10.3.3 广告。

6.10.3.4 联合技术出版物。

6.10.3.5 《商业商务日报》上的合作请求。

6.10.3.6 使用行业高级规划简报。

6.10.3.7 相关行业出版物的新闻稿。

6.10.3.8 使用北美行业分类系统向行业发送目标邮件。

6.10.3.9 教育伙伴关系。

6.10.3.10 研讨会和会议。

6.10.3.11 与地方、地区和美国技术转移网络和组织（即州和地方商业发展组织）建立联盟。

6.10.4 一些国防部实验室和（或）技术活动具有独特的技术和其他能力，可能对非官方组织有益。它适用于实验室和（或）技术活动，以宣传和展示此类能力，并提高服务使用费。国防部各部门负责人和实验室管理者应制定实施政策，确保实验室设施的广告和使用符合美国政府与国防部关于此类事项的政策。应特别注意避免国防部实验室与其他国内来源竞争或提供服务的情况。应特别重视政策的制定和实施，以确保国防部设施的服务使用费不会降低实验室和（或）技术活动中主要任务活动的性能。

6.11 隶属于州政府或地方政府的中介机构可促进国防实验室和（或）技术活动与非官方实体之间的沟通和理解。中介机构通常为实验室履行一些职能，而实验室由于缺乏相关技能或专业知识而无法履行这些职能。中介机构的目标是协助实验室形成并维持生产性技术伙伴关系。鼓励国防部各部门最大限度地授权与中介机构建立伙伴关系。

6.11.1　中介机构应提供多项服务，包括咨询服务、战略规划、军事和商业技术评估、与官方核心研究和（或）重点和（或）外联领域的整合以及技术营销。它们还可以为国防部的转换活动提供协调的媒体和立法接口以及协助。他们的一个特点是能够与小型企业和对官方技术商业化感兴趣的地区经济体互动。

6.11.2　中介机构通常应根据合同、联合研发协议、教育合作协议或谅解备忘录和（或）协议备忘录向附属国防实验室和（或）中心提供服务。中介机构可以是专业协会、工业和贸易协会、经济发展协会、国防部转移和（或）技术开发机构、学术机构、州、地区或地方政府，以及竞争性采购合同下的营利性顾问和（或）公司。《美国法典》第15编第3715条（C）［参考文献(d)］鼓励国防部各部门最大限度地授权做出此类决定。

6.12　技术评估是技术转移流程的重要组成部分。应进行技术评估，以确定实验室的潜在商业价值和（或）技术活动的知识产权。技术评估应是国防部实验室和（或）技术活动中的一个连续过程，以开发可用于响应潜在客户定义的问询和意外应用机会的技术组合。评估包括识别候选产品和（或）流程，并评估验证可行性、适用性和适销性的潜力。

6.13　除中介机构外，国防部各部门可利用顾问和承包商通过对营销机会、应用与技术进行评估来支持技术转移活动。这可能涉及与营利或非营利组织的合同。它还可能涉及购买与市场、应用程序和技术相关的商业产品和服务。在决定使用顾问和承包商进行支持技术转移的评估时，应考虑潜在的利益冲突问题。

6.14　实验室和（或）技术活动可向州和地方政府、学校系统和非营利组织提供技术援助服务，包括技术志愿者的帮助。这些服务可能包括问题分析、协助开发和解释技术信息、对实验室志愿者的实际技术帮助，以及在与私营部门现有服务不相竞争的实验室中的有限项目。在就此类技术援助服务作出决定时，带有使命任务的活动必须具有快速优先权。它适用于考虑促进教育和技术活动的美国政府与国防部政策。它也适用于考虑实验室的潜在收益，如与向教育机构提供技术援助服务相关的技术人员的招聘福利。

6.15　国防部实验室和（或）技术活动负责人（见附件2，定义E2.1.3）可将超出实验室需求的研究设备借给、租赁或提供给教育机构或非营利组织，用于开展技术和科学教育及研究活动。当多余的研究设备作为礼物转移时，所有权也应转移给接受者。根据《美国法典》第15编第3710条（i）［参考文献（d）］，向接受者提供的研究设备不受现行联邦财产处置条例实施单独权限的约束。官方实验室和（或）技术活动如果将多余的研究设备直接转移给接受者，则应向总务管理局（GSA）报告转移情况。这是对《美国法典》第15编第3710条（i）和第12999号行政命令〔参考文献（h）〕的澄清，允许实验室和技术活动、机构或部门向公立和私立学校以及非营利机构提供、贷款或租赁多余的研究设备，而无需现行联邦财产处置法的行政负担。这是分配多余研究设备的另一种独立方法。根据本行政命令〔参考文献（h）〕，官方实验室和（或）技术活动可将其多余的研究设备直接捐赠给接受者，或向总务管理局报告多余的研究装备，以便根据现行联邦财产处置法进行转移。

6.16　国防部技术转移计划的一个目标是提高美国国内经济和生活水平。这并不意味着技术转移计划只能通过与美国所有和在美国的公司合作来实现。在某些情况下，与外国组织、个人或政府研发机构合作是实现技术转移目标的最佳方式，如可能拥有特定应用的最佳技术的外国个人、组织或政府研发机构，或者可能主要在美国制造的外国公司。

6.16.1　国防部政策允许外国人员和组织参与国防部技术转移事务，前提是实验室或负责做出此类决策的其他国防部各部门人员认为这是实现其目标的最佳选择，并且此类外国参与的方式符合美国政府和国防部政策。这样做没有任何禁止外国参与的意图。相反，目标是确保行动符合美国政府和国防部的政策。

6.16.2　国防部各部门负责人在为其实验室和技术活动制定指导意见时，应考虑下文第6.16.3段中的标准，这些指导意见涉及影响外国个人和组织参与技术转移交易的美国政府和国防部政策。此类指南应以有助于国防部实验室和（或）技术活动决策的形式制定，这些实验室和（或）技术活动预计不具备贸易政策方面的专业知识。该指南应涵盖本指令中涉及的所有类型的技术转移交易和机制。

6.16.3　预计标准应包括以下特殊考虑：

6.16.3.1　此类外国公司或其政府是否能够允许和鼓励美国机构、组织或个人在可比基础上签订联合研发协议和许可安排。

6.16.3.2　这些外国政府是否应制定保护美国知识产权的政策。

6.16.3.3　如果合作研究涉及根据美国法律受美国安全出口管制的数据、技术或产品，这些外国政府是否已采取适当措施，防止向美国安全出口管制或美国与这些外国政府签署的国际协议禁止的目的地转移战略技术。

6.17　使用联合研发协议时应考虑的指导和因素：

6.17.1　联合研发协议是指允许对一个或多个官方实验室的协议和（或）技术活动以及一个或多个非官方企业进行指定与国防部实验室任务相关且一致

的研发工作协议。联合研发协议是可用于研究、开发、测试和评估活动产出的成果和（或）系统生命周期的所有方面的工具。

6.17.2　联合研发协议不受《美国法典》第31编第6303条至第6305条〔参考文献（i）〕中定义的采购合同和其他文书条款的约束，但它们是具有法律效力的文件。联合研发协议不应被视为正常采购程序的替代品。

6.17.3　应特别考虑小规模企业或涉及小规模生意的财团。

6.17.4　应优先考虑位于美国的企业，或那些同意体现联合研发协议规定的发明或通过使用这些发明生产的产品应在美国制造的企业（符合上文6.16节）。

6.17.5　联合研发协议应包含各种知识产权问题的规定，包括数据权、财产所有权以及未来发明和（或）知识产权的权利分配。

6.17.6　国防部实验室和（或）技术活动可能会在长达5年时间内保护公众获取联合研发协议工作产生的某些商业价值信息。这样做为合作实体提供了充分的时间来利用联合研发协议下创造的发明和（或）知识产权。

6.17.7　国防部实验室和（或）技术活动可承诺提供资源，如人员、服务、设施、设备、知识产权或其他资源，但不得将其作为协议的一部分提供给非官方合作伙伴。各非官方企业可向协议的官方合作伙伴承诺资金。

6.17.8　国防部实验室和（或）技术活动在联合研发协议项下获得的费用应保持单独和不同的账目、记录和其他证据，以支持联合研发协议项的支出。

6.17.9　当根据联合研发协议许可知识产权时，国防部实验室和（或）活动应保留非排他性、不可转移、不可撤销的许可证，供政府使用。

6.17.10　私人非官方合作伙伴应有权选择对实验室员工全部或部分完成的任何发明的预先谈判使用领域的独家许可。

6.17.11　联合研发协议应在没有实际或明显的个人或组织利益冲突或违反道德标准的情况下完成。

7. 信息需求

7.1　国防技术信息中心（DTIC）应在国防研究与工程部门的指导下，开发、维护和运行数据库，以收集、存储和传播有关国防部技术转移计划活动的信息。根据国防部指令5535.3、国防部长备忘录和《美国法典》第15编〔参考文献（a）、（j）和（d）〕的规定，这些数据库的元素或片段应可供适用级别的国防部和外部用户（非国防部活动）访问，访问方式应符合数据约束条件。国防技术信息中心应开发、维护和运行这些计算机数据库，以支持国防部技术转移政策和概念，并满足国防部各部门协调和批准要求，包括以下内容：

7.1.1　做好准备工作并与国防部各部门协调，发布统一组织向计算机数据库提交记录和从计算机数据库获取记录的程序、代码、数据元素和格式。数据元素和代码应符合国防部文件 8320.1-M-1〔参考文献（k）〕或根据国防部指令 8320.1〔参考文献（1）〕开发。

7.1.2　提供和操作数据库输入、输出、访问和检索。

7.1.3　向每个国防部相关部门和活动协调中心提供季度报告，总结该国防部部门活动的投入数量和质量。这些报告的完整摘要应提供给技术转移局。

7.1.4　根据国防部文件 5200.28M〔参考文献（m）〕，纳入适用的安全要求。

7.2　其他科学和技术信息需求可在国防部指令 3200.12 和国防部指示 5230.27〔参考文献（n）和（o）〕以及其他政策发布中解决。

8. 生效日期

本指令立即生效。

附录 1：参考文献（续）

附录 2：定义

附录 3：职位描述、工作计划和绩效标准的起点

附录1　参考文献（续）

（e）管理和预算办公室，第 A－11 号通知，《编制和提交预算》（Preparation and Submission of Budget Estimates），1997 年 6 月 23 日

（f）国防部文件 1400. 25－M，《国防部文职人员手册系统》（DoD Civilian Personnel Manual System），1996 年 12 月，经国防部指令 1400. 25 号授权，《国防部文职人事管理系统》（DoD Civilian Personnel Management System），1996 年 11 月 25 日

（g）《美国法典》（United States Code）第 5 编第 2105 条和第 4504 条

（h）第 12999 号行政命令，《教育技术：确保下世纪所有儿童的机会》（Educational Technology：Ensuring Opportunity for All Children in the Next Century），1996 年 4 月 17 日

（i）《美国法典》第 31 编第 6303 条至第 6305 条

（j）国防部长备忘录，《国防部国内技术转移及军民两用技术开发》（DoD Domestic Technology Transfer/Dual Use Technology Development），1995 年 6 月 2 日

（k）国防部文件 8320. 1－M－1，《数据元素标准化程序》（Data Element Standardization Procedures），1993 年 1 月，经国防部指令 8320. 1 授权，1991 年 9 月 26 日

（l）国防部指令 8320. 1，《国防部数据管理》（DoD Data Administration），1991 年 9 月 26 日

（m）国防部文件 5200. 28M，《ADP 安全手册》（ADP Security Manual），1973 年 1 月，经国防部指令 5200. 28 授权，1988 年 3 月 21 日

（n）国防部指令 3200. 12，《国防部科学和技术信息计划》（DoD Scientific and Technical Information Program），1983 年 2 月 15 日

（o）国防部指示 5230. 27，《在会议上所做的国防部相关科学和技术文件介绍》（Presentation of DoD－Related Scientific and Technical Papers at Meetings），1987 年 10 月 6 日

附录2 定　　义

E2.1.1 联合研发协议（CRADA）。一个或多个官方实验室和（或）技术活动与一个或多个非官方企业之间的协议。根据联合研发协议，无论是否报销（但不直接向非官方企业提供资金），政府实验室和（或）技术活动都应提供人员、服务、设施、设备或其他资源。联合研发协议是可用于研究、开发、测试和评估活动发生的产品和（或）系统生命周期的所有方面的工具。各非官方企业应提供资金、人员、服务、设施、设备或其他资源，用于开展符合实验室任务的特定研发工作。联合研发协议合作伙伴应分享在该努力下开发的知识产权。联合研发协议的条款可能不符合采购合同或合作协议，因为这些条款在《美国法典》第31编第6303条至第6305条中使用〔参考文献（i）〕。除此定义外，联合研发协议的两种类型如下：

E2.1.1.1　技术援助联合研发协议。这允许官方实验室和非官方合作伙伴共同合作，通过提供有限的（最多4天）免费技术咨询来帮助当地企业。优先考虑非官方合作伙伴，即国家组织、大学、非营利实体或企业孵化器，它们应宣传官方援助的可用性，接受和评估合作研究的请求，确保实验室和（或）技术活动不与私人组织竞争，并与请求方公司协调实验室工作和（或）技术活动。实验室和（或）技术活动应向联合研发协议合作伙伴与申请公司提供所需的协助和报告。申请人公司仅应提供问题陈述并签署一份简短的两页协议、“子协议”或“联合研发协议修正案。”

E2.1.1.2　军用联合研发协议。国防部实验室和（或）技术活动与工业合作伙伴之间的联合研发协议，以在主要用于国防部或其他军事用途的产品或工艺中利用国防部实验室现有的独特能力和设施。每个参与者都认识到，它不能单独支持研究，也不能复制现有的研究或设施。该技术被纳入新的国防部系统或产品以及其他商业机会。每项军事用途的联合研发协议需要解决的具体问题包括：

E2.1.1.2.1　联合研发协议可能是合适的手段（工作不是合同）。

E2.1.1.2.2　维护政府权利（不建立唯一来源）。

E2.1.1.2.3　应向其他符合条件的公司提供平等机会。

E2.1.1.2.4　实验室不得与私营部门竞争。

E2.1.1.2.5　实验室的资金最好不要用来进行工业化生产。

E2.1.2　联邦雇员（Federal Employee）。定义见《美国法典》第 2105 条〔参考文献（g）〕。

E2.1.3　实验室和（或）技术活动（Laboratory and/or Technical Activity）。对于本指示，该术语的广义定义见《美国法典》第 15 编第 3710a 条第 4 款第 2 项（A）〔参考文献（d）〕，并应包括以下内容：

E2.1.3.1　“一个或一组由公共机构拥有、租赁或以其他方式使用的设施，其主要目的是由联邦政府雇员进行研究、开发或工程。”

E2.1.3.2　上述子定义 E2.1.3.1 中的广义定义的使用是慎重的。该定义并不局限于那些正式命名为“实验室”的国防部组成部分。该定义的目的是涵盖在国防部研究、开发和工程项目中充当实验室和（或）技术活动的各种组织和安排。它应包括实验室和（或）技术活动，并参考提供虚拟实验室能力的更多样的安排。例如，国防部各部门可能有一个虚拟实验室，涉及在国防部门活动中完成的管理功能，以及一组分散的研究活动，由赞助和（或）管理活动之外的各种组织完成。这些能力包括在测试、物流和产品中心、仓库、武库、项目办公室，以及提供研究、开发、测试和评估的美国国防部办公室。这与《美国法典》第 15 编第 3710a（d）（2）（A）条〔参考文献（d）〕一致，该节使用了“设施”（Facility）等包含性术语。该广义定义符合美国国防部的新实践。

E2.1.3.3　虽然参考文献（d）第 3710a 条第 4 款第 2 项（A）节中引用的定义出现在《美国法典》中关于联合研发协议的一节中，但该指示（以及国防部第 5535.3 号指令，参考文献（a）〕中该宽泛定义的使用不应限于涉及联合研发协议的事项。广义定义适用于说明书和参考文献（a）中对实验室和（或）技术活动的所有引用。

E2.1.4　非营利机构（Nonprofit Institution）。这是一个专门为科学或教育目的而拥有和运营的组织，其净收益不得惠及任何私人股东或个人。

E2.1.5　技术援助（Technical Assistance）。允许官方实验室和非官方合作伙伴共同合作，通过提供有限的（最多 4 天）免费技术咨询来帮助当地企业。应优先考虑作为国家组织、大学或非营利实体（包括官方实验室技术转移联合体）中的非官方合作伙伴，其应公布官方援助的可用性，确保实验室和（或）技术活动不与私人组织竞争，并与申请公司协调实验室和（或）者技术活动的工作。实验室和（或）技术活动应以技术信息、经验教训、所学知识、解决问题或进一步建议的形式提供所需的协助。任何时候都不得使用技术援助活动或技术援助联合研发协议来完成研发。

E2.1.6　技术转移（Technology Transfer）。用于军事和非军事系统的知识、专业知识、设施、设备和其他资源的有意交流（共享）。国内技术转移活动应包括以下内容：

E2.1.6.1　用于演示美国国防部技术的衍生活动，如演示已经开发或目前正在开发的技术（主要服务于美国安全目的）的商业可行性，这些活动（包括技术转移）的主要目的是提高当前国防部拥有或开发的技术及技术基础设施的利用率，使其能够用于更广泛的国防部以外的领域。

E2.1.6.2　军民两用科学技术和其他研发的国防部与非国防部都能采用的技术活动。

E2.1.6.3　螺旋推进活动，主要目的是演示美国国防部以外系统开发的技术的安全效用。该活动目标是将创新技术纳入军事系统，通过从更大的工业基地采购，利用规模经济，以较低的采购成本满足任务需求。

附录3　职位描述、工作计划和绩效标准的起点

E3.1　职位描述

E3.1.1　职责和责任。在适用的情况下，向州和地方政府以及私营部门转移官方所有的原始技术和技术能力；开发具有国防部和非国防部应用的技术；促进使用国防部以外开发的技术。

E3.2　工作计划

E3.2.1　性能要素（关键）技术转移。评估其项目和计划的技术及技术能力的可用性与适用性。根据公共法律和适用的国防部指令、指示与条例以及部门指令、指示与条例，将这些技术和技术能力转移给州与地方政府以及私营部门。获得当地研究和技术应用办公室提供的协助。在正式协议生效后（联合研发协议、合作协议、其他交易和专利许可协议等）与技术转移合作伙伴合作。

E3.2.2　两用技术。该技术应识别行业技术要求，在开发内部技术时应考虑这些要求。

E3.2.3　整合技术。在寻求国防部要求的解决方案时，应在国防部内部开发的技术同等基础上考虑采用国防部以外开发的技术。

E3.3　绩效标准

E3.3.1　技术转移。任职者应表现出对项目要求的积极了解，采取积极行动评估技术和技术能力，并开始采取行动将这些技术和技术力量正式转移给州、地方政府与私营部门，则绩效是令人满意的。部门任职者应在技术转移文书（联合研发协议、合作协议和其他交易、专利许可协议等）的开发、谈判和批准过程中与当地研究和技术应用办公室保持积极的工作关系。任职者应积极与技术转移合作伙伴合作，以有效履行技术转移文书中明确的义务。

E3.3.2　两用技术和整合技术。当任职者在开发内部技术时考虑行业需求，而在寻求国防部需求解决方案时不排除考虑非国防部技术，这样做绩效才是令人满意的。

附件 2　国防部国内技术转移（T2）计划

国防部指令 5535.3《国防部国内技术转移（T2）计划》是美国国防部技术转移的重要文件。为了与原文件保持一致，此部分体例格式与正文略有不同。

美国国防部指令 5535.3
1999 年 5 月 21 日发布
2018 年 10 月 15 日变更 1

主题：国防部国内技术转移（T2）计划

参考文献：（a）国防部指令 5535.3，“国防部批准的政府持有发明”，1973 年 11 月 2 日（特此取消）；（b）国防部长备忘录，“美国国防部国内技术转移/两用技术开发”，1995 年 6 月 2 日（特此取消）；（c）美国国防部 3200.12-R-4，“国内技术转移计划条例”，1988 年 12 月（特此取消）；（d）《美国法典》第 15 卷第 3702、3703、3705、3706、3710、3712、3715 节；（e）~（l），见附录。

1. 再版及目的

本指令：

1.1　重新发布参考文献（a）并取代参考文献（b）和（c）。

1.2　根据参考文献（d）（当其适用于国防部时）以及《美国法典》第 10 卷（参考文献（e））（当其适用于国防部技术转移活动时）实施国防部国内技术转移活动、制定政策及明确职责。

2. 适用范围

本指令适用于国防部长办公室（OSD）、军事部门、国防机构和国防实地活动机构（以下统称为“国防部相关部门”）。

3. 定义

本指令中使用的以下术语在“美国国防部指示 5535.8”（参考文献（f））

中进行了定义：

3.1　联合研发协议（CRADA）。

3.2　实验室（在《美国法典》第 15 卷第 3710a（d）（2）（A）节进行了广泛定义，见本指令参考文献（d））。

3.3　非营利机构（参考文献（d）第 3703 节和第 3710（i）节以及本指令的 E. O. 12999（参考文献（g））。

3.4　技术援助。

3.5　技术转移。

4. 政策

国防部的政策是：

4.1　根据《美国法典》第 10 卷第 2501 节（参考文献（e））中制定的国家安全目标，国内技术转移活动是国防部执行国防部国家安全任务的组成部分，同时也提高了美国公民的经济、环境和社会福利（参考文献（d）第 3702 节）。同时，技术转移活动有利于支持美国建立强大的国防工业基础，以满足国防部的需求。这些活动必须在国防部所有采办项目中具有高度优先地位，并将其作为国防部实验室及其他所有可能利用或有助于国内技术转移的国防部活动（如测试、后勤、产品中心、仓库和弹药）的一项关键内容。

4.2　国内技术转移计划，包括相应的派生活动、军民两用活动，尽可能充分利用国家科学技术能力，以提升国防部部队和系统的效能。

4.3　国防部的进一步政策是：

4.3.1　通过各种活动促进国内技术转移，如“联合研发协议”、合作协议、其他交易、教育伙伴关系、州和地方政府伙伴关系、人员交流、技术论文展示以及其他正在进行的国防部活动。

4.3.2　通过美国国内及国外专利、专利许可和其他知识产权保护促进美国国内的技术转移。对于适于对外公开许可的国防部发明应当适时发布以加速向国内经济转移技术。当专利发明被商业化时，技术转移就能获得最大收益（《美国法典》第 35 卷第 200 和 207 节，参考文献（h））。

4.3.3　允许非联邦政府实体机构利用独立研发资金推动国内技术转移活动，包括“联合研发协议”、合作协议和其他交易（FAR 第 31.205-18（e）部分，参考文献（i））。

4.3.4　在相应的科学、工程、管理和行政岗位的职责描述中，加入国内技术转移的职责和责任。

4.3.5　根据国防部利益冲突规则（国防部指令 5500.7，参考文献（j））和出口管制法律法规，允许国防部部门和国防部承包商之间签署“联合研发协议”。

4.3.6　确保国内技术转移在没有实际或明显的个人或组织利益冲突或违反道德标准的情况下完成。

4.3.7　根据出口管制法律、法规和政策以及管理对外军事销售（FMS）的法律、法规与政策，允许与外国的个人、产业机构或政府研发活动部门开展技术转移活动。应考虑此类人员或产业机构的所属政府是否允许其开展类似活动，以及此类活动是否有益于美国工业基础，是否符合美国出口管制和对外军事销售框架（E. O. 12591，参考文献（k））。

4.3.8　鼓励国内技术转移，优先考虑美国小型企业、参股美国小型企业的财团和位于美国的公司。

5. 职责

5.1　负责采办和技术的国防部副部长应确保国防研究与工程主任能够：

5.1.1　按照《美国法典》第10卷第2515节（参考文献（e））要求监督国防部的所有研发活动；利用技术识别国防部的研发活动和具有其他商业应用潜力的技术发展；充当美国私营部门技术转移的信息交换中心，协调并以其他方式帮助私营部门进行技术转移；协助私营公司解决与国防部技术转移相关的政策问题；就涉及技术转移的事项与其他联邦部门协商和协调。

5.1.2　担任美国国内所有技术转移科技事务的监督机构负责人，并与其他国防部官员（如适用）就其监督的事务进行协调。作为监督的一部分，国防研究与工程主任应明确核心的国内技术转移科技机制，并为国防部各部门在此类机制中的投资提供政策指导。

5.1.3　为国防部各部门参与并支持联邦科技国内技术转移计划制定政策。

5.1.4　制定国内技术转移政策的实施指南，包括与其他国防部官员就其认定的事项进行协调。

5.1.5　根据《美国法典》第15卷（参考文献（d））和参考文献（e）的要求，协调国防部各部门的投入，并向国会、管理与预算办公室和其他上级机构提交报告。

5.1.6　确保国防部各部门制定技术转移奖励计划，并做出适用的技术转移奖励。

5.1.7　关于对国防研究与工程主任办公室和国防部各部门有用的技术转让数据库，应确保国防技术信息中心主管能够进行有效维护并提供相应的开发支持。

5.2　国防部各军事部门领导及国防部其他部门的负责人，包括国防部各机构的主管，在国防部长办公室首席助理的领导下，应：

5.2.1 确保在其管理的机构中国内技术转移活动处于高度优先地位，包括建立促进技术转移的流程，并为其监督的事项制定提高技术转移的计划，包括具体目标和里程碑。

5.2.2 按照国防研究与工程主任办公室的要求，为提交给国防技术信息中心的报告提供相应的输入数据，包括技术转移交易和项目投资数据。

5.2.3 为研发主管、管理人员、实验室主管、科学家和工程技术人员制定相应的人事管理政策，使国内技术转移成为这些人员职位晋升的关键因素、绩效评估的关键要素以及职位描述的职责和责任（如适用）。这些政策还应确保研究与技术应用办公室（ORTA）工作人员被纳入整个实验室和/或机构和/或国防部实地活动部门的管理发展计划。

5.2.4 为可能参与国内技术转移的科学家、工程技术人员和其他人员开展技术转移教育与培训计划。

5.2.5 建立奖励计划，包括现金奖励，以表彰国内技术转移取得的成就。

5.2.6 制定政策，保护联邦政府支持的研发活动所产生的发明专利和其他知识产权。这包括制定政策保护相应的发明、授予发明专利许可以及维护具有商业潜力的专利。获取和维护这些专利的成本与费用应由国防部各部门资助。这并不妨碍合作各方支付与保护知识产权相关的成本和费用。

5.2.7 根据美国国防部第 5535.8 号指示（参考文献（f）），研究所可授权实验室许可、转让或放弃知识产权以及分配专利权使用费和其他款项。

5.2.8 实施产业化和外联计划。

5.2.9 利用相关计划内部资金支持与任务相关的国内技术转移活动，并确保国内技术转移计划拥有足够的人员和资源，特别是用于支付与技术转移相关的科学、工程、法律和研究技术应用办公室（ORTA）人员的工资和差旅费用，包括启动和/或谈判“联合研发协议”及其他协议相关的成本和费用。

5.2.10 确保研究与技术应用办公室或其他国内技术转移关键部门能够按照《美国法典》第 15 卷第 3710（c）节（参考文献（d））的要求执行所有技术转移功能。

5.2.11 允许利用合作中介机构获得国内技术转移的支持。批准权限可重新授予国防部实验室负责人。

5.2.12 确保实验室主任和/或指挥官通过规划计划、预算和执行，将国内技术转移作为其科技计划的高度优先内容。

5.2.13 确保实验室和其他活动部门为具有商业应用前景的备选研发项目开展应用评估。

5.2.14 鼓励实验室向州和地方政府、学校系统和其他组织（如适用）

提供技术援助服务，包括技术志愿者的帮助。

5.3 根据国防部长授权，国防部各部门负责人（军事部门领导除外），包括国防部各机构主管，在国防部长办公室首席助理的领导下，有权：

5.3.1 根据出口管制法律和法规，向教育机构或非营利机构出借、贷款或者给予超出实验室需求的研究设备或教育用联邦设备，用于开展技术与科学教育活动以及相应的研究活动（参考文献（d）第3710（i）节，以及E.O.12999和《美国法典》第10卷第2194节，参考文献（g）和（e））。该权力可进一步下放。

5.3.2 与其他实体机构（除外国政府以外）签订“联合研发协议”（参考文献（d）第3710a节）。该权力可进一步下放。

6. 信息要求

按照国防研究与工程主任办公室的要求（本条令第5.2.2节），各军事部门部长及国防部其他部门负责人应向其提供报告数据，包括按照报告控制代号DDA&T（A）2020的要求向国防技术信息中心提交技术转移交易和项目投资数据。

7. 变更内容1

根据2018年7月13日国防部副部长备忘录（参考文献（l）），该变更将该指令的主要职责重新分配给了负责研究和工程的国防部副部长。

8. 生效日期

本指令立即生效。

附录：

E1 参考文献（续）

附录

E1　参考文献（续）

（e）《美国法典》第 10 卷第 2501、2506、2514－2516、2358、2371、2194、2195 节；

（f）国防部指示 5535.8，“国防部技术转移计划程序”，1999 年 5 月 14 日；

（g）第 12999 号行政命令，“教育技术：确保下世纪所有孩子机会均等”，1996 年 4 月 17 日；

（h）《美国法典》第 35 卷第 200 节和第 207 节～第 209 节；

（i）《联邦采购条例》，第 31.205-18（e）子部分，“独立研发及投标和建议书成本”，现行版本；

（j）国防部指令 5500.7，“行为标准”，1993 年 8 月 30 日；

（k）行政命令第 12591 号，“促进科学和技术的获得”，1987 年 4 月 10 日；

（l）国防部副部长备忘录，“成立国防部负责研究与工程的副部长办公室和国防部负责采办与保障的副部长办公室”，2018 年 7 月 13 日。

附件3　国防部技术转移计划实施情况

《国防部技术转移计划实施情况》是美国国防部总监察长办公室于1998年发布的关于国防部技术转移计划实施的审计报告，原文如下。

首字母缩略词

DCMC　国防合同管理司令部

DDL　披露授权书

FDO　对外披露官

执行摘要

导言。国防部政策要求将国防相关技术视为珍贵且有限的国家安全资源，要对这些资源进行保护并将其用于追求国家安全目标。技术转移是指与产品的设计、工程、制造、生产和使用相关的技术数据和专有知识从某个国家的某个行业向另一个国家的某个行业转移或在政府间转移的过程。负责政策的国防部副部长负责制定技术转移控制措施，协调国防部政策的应用，并发布技术转移控制方面的相关政策。各军种部主要负责技术转移计划的实施。国防合同管理司令部（Defense Contract Management Command，DCMC）可根据各军种部的授权，在国防承包商的相关场所协助履行披露控制职能。

审计目标。本报告是我们进行技术转移审计所得两份报告的第二份。审计的总目标是确定国防部的技术转移政策和程序是否足以防止未经授权的技术数据发布。具体而言，我们评估了各军种部和国防合同管理司令部实施技术转移计划的情况。我们还审查了与审计目标相关的管理控制计划。

审计结果。在我们审查的相关项目中，陆军和空军的4个项目没有完全执行国防部的技术转移计划。具体而言，国防合同管理司令部无法在支撑相关项目的承包商场所有效履行对外披露官（Foreign Disclosure Officer，FDO）职能，也没有采取其他适当的控制措施来进行弥补。我们审查的两个海军项目控制措施比较完备。我们在所审查的相关项目中没有发现任何涉密和非涉密技术数据被泄露的情况；在这些项目中，国防部的相关政策并未得到有效执行，美国相关技术数据受到泄露的风险很大。

相关建议。考虑到国防部的缩编和重组，我们建议负责政策的国防部副部长与各军种部、国防合同管理司令部及国防安全援助局（Defense Security Assistance Agency）建立一个过程行动小组（Process Action Team），以确定执行当前技术转移政策的最有效机制。我们还建议负责政策支持的国防部副部长助理和国防后勤局（Defense Logistics Agency）局长一起审查两人于 1991 年 1 月签署的协议备忘录，以确定随着国防合同管理司令部人员的减少，备忘录中的相关要求是否仍然可行。我们建议陆军为多管火箭系统（Multiple Launch Rocket System）和阿帕奇（Apache）两个项目制定披露授权书（Delegation of Disclosure Authority Letter，DDL），并确定之前通过项目管理审查发布的以色列多管火箭系统的相关技术数据是不是不可以发布。我们建议汉斯科姆空军基地电子系统中心指挥官强制要求安排一名美国政府雇员在电子系统中心履行对外披露职责。

管理评述。负责政策的国防部副部长、负责政策支持的国防部副部长助理和空军没有对报告草稿发表意见。国防后勤局同意其中一项建议，表示支持通过过程行动小组这一方法来确定实现对外技术转移的最高效和最有效方式。国防后勤局不同意由国防合同管理司令部驻洛克希德·马丁公司沃思堡分公司办事处负责人依据空军第 16-202 号手册审查向外国公民发布的所有技术数据。他们指出，国防合同管理司令部驻洛克希德·马丁公司沃思堡分公司办事处的相关程序与国防部和国防合同管理司令部的风险管理方法一致。但是，国防后勤局进一步表示，将在过程行动小组的评估中对该办事处的现行程序进行重新评估。这一提议符合相关建议的目的，陆军同意这些建议，并表示，已经开始采取行动，为当前和未来所有的对外军售案例准备披露授权书，并让对外披露官对向以色列出售多管火箭系统过程中以色列所有行动进行审查。对相关意见的完整讨论见第一部分，这些意见的完整文本见第三部分。

审计响应。我们请求负责政策的国防部副部长、负责政策支持的国防部副部长助理以及空军在 1998 年 11 月 30 日之前对最终报告提出意见。国防后勤局和陆军已经提出了有针对性的意见，不需要再提意见。

第一部分　审计结果

一、审计背景

国防部政策要求将国防相关技术视为珍贵且有限的国家安全资源，要对这些资源进行保护并将其用于追求国家安全目标。1976 年 6 月出台的《武器出口管制法》（The Arms Export Control Act）经过修订后，对商业及政府销售项目中国防物品与服务及相关技术数据的销售和出口提出了规定。购买物品和服务的方法，无论是政府项目还是直接商业销售，通常都取决于所涉及的特定情况，而且通常由买方制定。然而，由于某些国际协议、总统限制或安全原因，有些物品或服务只能通过对外军售项目销售。1988 年 10 月 1 日出台的《美国向外国政府及国际组织披露涉密军事信息的政策和程序》（National Policy and Procedures for the Disclosure of Classified Military Information to Foreign Governments and International Organizations）中的“国家披露政策第一条”，规定了在决定向外国政府及国际组织发布涉密军事信息（涉密信息）之前必须满足的具体标准和条件。

技术转移。技术转移是指与产品的设计、工程、制造、生产和使用相关的技术数据和专有知识从某个国家的某个行业向另一个国家某个行业转移或在政府间转移的过程。按照美国的政策规定，国防部相关部门、商务部和国务院通过配备人员处理技术转移申请来管理技术转移，最终通过签发要约与承诺函（Letter of Offer and Acceptance）或出口许可证控制技术转移。

政府的相关项目。对于对外军售和其他一些政府项目，可以根据已签署的国防部要约与承诺函出口国防物品和服务以及相关技术数据，无需出口许可证。但是，国防部各部门的出口必须符合各自按照《武器出口管制法》制定的部门指令和条例。如果外国代表提议的访问是为了支持实际或潜在的美国政府项目，则应授权他们访问国防部相关部门或美国国防承包商的相关场所。这些访问在数据和技术交流中发挥着至关重要的作用，而这也是美国对国际社会所作承诺的一部分。

商业销售。承包商出口国防物品和服务以及相关技术数据需要根据《国际武器贸易条例》的要求取得出口许可证或其他书面出口授权。无论涉密还是非涉密，国防物品及技术数据的商业出口都需要获得国务院批准的许可证。商务部负责监管军民两用物品的出口。所有转移方法，无论是通过书信还是电子手段，也无论是当面还是传真或电话，都需要获得许可。当技术数据被披露或转让给外国公民时，就算进行了一次出口，无论是在美国还是美国之外。

技术数据。技术数据是商品或武器的设计、开发、工程、维护、制造、检修、加工、生产、重建或修理过程中能够用到或调整后可用的所有涉密或非涉密信息。数据可能是有形的，如蓝图、模型、操作手册或原型，也有可能是无形的，如口头互动、视觉互动或技术服务。为了国家安全，需要对涉密信息进行保护。受管制非涉密信息（非涉密信息）虽不涉密，但敏感性非常高，其使用和传播受到与涉密信息类似的控制。

技术转移的组织架构。负责政策的国防部副部长负责制定和监督与国际技术转移相关的国防部政策，并对国防技术安全局（Defense Technology Security Administration）行使控制权。国防技术安全局负责根据美国对外政策和国家安全目标审查与国防相关的商品、服务和技术的国际转移。负责政策支持的国防部副部长助理负责确保《国家披露政策》（National Disclosure Policy）的有效实施和国家军事信息披露政策委员会（National Military Information Disclosure Policy Committee）的运作。国防安全援助局负责管理和监督安全援助的规划及相关项目。该局还负责与其他政府机构协调相关安全援助项目的制定和执行。各军种部是实施《国家披露政策》的主要参与者，负责为各自军种指定负责技术转移事宜的联络点。国防合同管理司令部可以根据各军种部的授权，在国防承包商的相关场所履行技术转移职能。为了了解各军种部和国防合同管理司令部实施技术转移计划的相关情况，我们向各军种部和国防合同管理司令部认定的所有对外披露官都发送了一份调查问卷。

二、审计目标

本报告是我们对技术转移进行审计所得两份报告的第二份。审计的总目标是确定国防部的技术转移政策和程序是否足以防止未经授权的技术数据发布。具体而言，我们评估了各军种部和国防合同管理司令部实施技术转移计划的相关情况，还审查了与审计目标相关的管理控制计划。

三、技术转移计划的实施情况

国防部的技术转移计划在我们所审查的陆军和空军项目中没有得到完全执行。具体而言，国防合同管理司令部无法在承包商的相关场所有效履行对外披露官的职能，也没有采取其他适当的控制措施来进行弥补，其原因是人员的持续减少。此外，陆军和空军在发布技术数据时没有遵守现行的相关政策和程序。我们所审查的两个海军项目控制措施比较完备。我们在所审查的相关项目中没有发现任何涉密和非涉密技术数据被泄露的情况；但是，国防部的政策并未得到有效执行，美国技术数据受到泄露的风险很大。

（一）政策和程序

向外国政府和国际组织进行技术转移。1984 年 1 月 17 日发布的国防部第 2040. 2 号指令《技术、商品、服务和军火的国际转移》（International Transfers of Technology, Goods, Services, and Munitions）确立了国防相关技术的国际转移政策，适用于采办活动、安全援助和战略贸易许可过程中的所有技术转移机制。负责政策的国防部副部长应为技术转移的控制和执行编制政策指南，并负责协调政策的总体应用。该指令还规定，国防部各部门应根据美国对外政策和国家安全目标管理技术转移。在审查的所有技术转移案例中，国防部相关负责部门都应该根据具体情况对技术转移进行逐案考虑。该指令并不影响《国家披露政策》和国防部第5230.11号指令关于涉密信息披露的政策。

向外国政府披露涉密军事信息。1992年6月16日发布的国防部第5230.11号指令《面向外国政府和国际组织的涉密军事信息披露》（Disclosure of Classified Military Information to Foreign Governments and International Organizations）指导了《国家披露政策》的有效实施，列出了国防部的相关责任办公室，并为各军种部开展对外披露活动提供了政策和指导。该指令规定，涉密信息是国家安全资产，只有在对美国有明确利益的情况下或要支持美国政府某个合法且经过授权的目的时，才能与外国政府分享。应通过披露授权书向下属司令部提供披露指导。披露授权书是由指定披露机构发布的信函，用于说明国防部某部门披露管辖范围内可能向外国公民披露的技术数据的类别、密级、限制和范围。

陆军指南。1994年12月30日发布的陆军第380-10号条例《技术转移、信息披露和与外国代表联系》（Technology Transfer, Disclosure of Information and Contacts with Foreign Representatives），落实了《国家披露政策》，提供了涉密和非涉密数据的对外披露程序。所有有或可能有外国参与的武器系统都需要一份技术评估和控制方案。每份技术评估和控制方案要附带一份披露授权书，描述可能向特定外国政府披露的技术数据的范围和限制。该条例还为陆军的技术安全计划提供了总体指导，规定了技术转移问题的指定披露权限归负责情报的副参谋长。

海军指南。1993年11月4日发布的海军部长第5510.34号指示《海军部向外国政府和国际组织披露军事信息细则》（Manual for the Disclosure of Department of the Navy Military Information to Foreign Governments and International Organizations）落实了国家披露政策，提供了涉密和非涉密数据的对外披露程序。披露权力集中在海军国际项目办公室（Navy International Programs Office），以确保在海军内部对对外披露进行适当的协调和控制。技术转移和安全援助审查委员会（The Technology Transfer and Security Assistance Review Board）要就对外披露、国际项目、安全援助和技术转移等方面的所有先例或重大问题向海军部长提供建议。

空军指南。1993年10月20日发布的空军《披露手册》（Disclosure Handbook）为对外披露官和技术代表制定了相关程序，他们负责接受、审查、处理、协调、批准或拒绝向外国政府及其代表发布涉密和非涉密技术数据的请求。该手册规定，空军部长将空军的披露权限授予负责国际事务的空军副部长助理下辖的披露处（Disclosure Division）。空军政策只允许空军内部指定的披露机构对披露空军管辖的技术数据一事进行批准和授权。披露授权书正式确定了被授权进行对外披露的组织、密级、受影响国家、披露方法和披露限制。

（二）承包商场所的技术数据发布

国防部技术转移计划在我们所审查的陆军和空军项目中没有得到充分执行。具体而言，国防合同管理司令部无法在承包商的相关场所有效履行对外披露的职能，而且没有其他适当的控制措施来进行补偿，其原因在于人员的持续减少。

协议备忘录。1991 年 1 月，负责政策支持的国防部副部长助理（原负责安全政策的国防部副部长助理）和国防后勤局局长签署了一份协议备忘录。1991 年协议备忘录的目的是确定国防后勤局下属的国防合同管理司令部应承担的国际安全责任和职能。该备忘录指出，国防承包商场所的国际活动量大幅增加，而且预计还会继续增加。因此，国防合同管理司令部同意为国防部各部门派驻现场代表，作为与外国政府就指定安全事项进行沟通的接口。根据该协议，国防合同管理司令部将：

（1）在每个有需要的承包商场所指派一名对外披露官；

（2）确保在承包商场所工作的对外披露官所做的所有披露决定，均符合国防部相关部门对外披露办公室提出的书面指导，协助国防部各部门的对外披露办公室监控对外国访客的控制，并协助它们在必要时落实特定的安全要求；

（3）经过授权后，担任美国政府向外国公民转移美国涉密材料的转移官；

（4）需要政府认证时，担任美国政府出口受管制信息的现场联络点。

1991 年协议备忘录还指出，国防后勤局将努力确保完成上述职能和责任所需的所有资源得到保留。

国防合同管理司令部的劳动力削减情况。自 1991 年备忘录签署以来，国防合同管理司令部的劳动力减少了 34.5%。1991 财年，国防合同管理司令部的文职和军事劳动力为 22161 人。1997 财年末，该人数减少到 14523 人（减少 34.5%）。国防合同管理司令部的官员表示，预计未来劳动力将继续减少。1998 财年和 1999 财年劳动力预计将分别减少 3%和 2.3%。劳动力减少导致国防合同管理司令部在某些地点无法按照 1991 年备忘录的要求有效履行对外披露官职能。例如，在国防合同管理司令部驻洛克希德·马丁公司沃思堡分公司办事处，劳动力从 1991 财年到 1997 财年减少了约 49%。1991 财年，文职和军事劳动力共 249 人。1997 财年末，劳动力已减少到 127 人（49%）。国防合同管理司令部驻洛克希德·马丁公司沃思堡分公司办事处的官员预计，从1997财年到1999财年，劳动力还会继续减少4%。

国防合同管理司令部对外披露官的职责。由于人员减少，国防合同管理司令部驻洛克希德·马丁公司沃思堡分公司办事处没有向对外披露官职能投入对等的资源。因此，对外披露官没有对向新加坡出售F-16战机时向外国公民发布的所有技术数据进行审查。当时，该办事处对外披露办公室只有一个人，对外披露只是其兼职工作。此人的职责包括向18个国家出售F-16飞机，同时还要负责联合打击战斗机（F-35）项目的相关事宜。此人是一名管理分析师，是国防合同管理司令部的雇员，根据职位描述，其对外披露职责仅占个人工作时间的45%。实际上，分配给此人的对外披露职责却占据了超过45%的个人工作时间。在过去，对外披露官是一个全职职位，需要将100%的时间用于履行对外披露职能。但是，由于劳动力减少，该职位被取消，这些职责被分配给了另一个人。

抽样程序。由于对外披露官发布的文件数量太多，只能对向外国公民发布的文件进行抽样审查。因此，国防合同管理司令部驻洛克希德·马丁公司沃思堡分公司办事处的对外披露官设计了一种抽样程序，以减少新加坡项目的工作量。新加坡政府购买了18架F-16和一套软件维护设施。对外披露官审查了与F-16飞机相关的80%的非涉密技术数据请求和100%的涉密技术数据请求，但是却没有审查与软件维护设施相关的软件发布请求，无论其涉密与否。从1995年7月到1997年6月，有2137份文件发布属于软件维护设施。空军第16-202号披露手册要求，所有的涉密和非涉密技术数据在发布前必须由指定的披露机构进行审查和批准。由于是抽样审查相关文件，而且没有审查在软件设施中的相关发布，国防合同管理司令部无法确保向外国公民发布的所有技术数据都按照空军手册的要求进行了审查。因此，这些数据不符合1991年负责政策支持的国防部副部长助理和国防后勤局局长之间所达成协议的要求。

（三）对政策和程序的遵守情况

国防部、陆军和空军的相关政策和程序没有得到充分执行。在我们审查的陆军和空军的4个对外军售项目中，它们没有充足的控制措施审查向外国公民发布的信息数据。陆军和空军没有遵守自身发布技术数据的政策和程序。在我们审查的两个海军对外军售项目中，海军有足够的控制措施审查向外国公民发布的信息数据。

陆军的相关项目。在我们审查的两个陆军对外军售项目中，陆军没有充足的控制措施审查向外国公民发布的信息数据，也没有完整的披露授权书。此外，陆军航空与导弹司令部（Army Aviation and Missile Command）的对外披露官没有审查安全援助管理局（Security Assistance Management Directorate）发布的信息数据。我们审查了以色列购买的多管火箭系统和荷兰购买的AH-64阿帕奇直升机。为配合这些审查，我们访问了美国陆军安全援助司令部（The United States Army Security Assistance Command）、陆军航空与导弹司令部及航空与导弹司令部各办公室，这些机构负责协助上述两个项目的实施。这些机构没有遵守发布技术数据的相关政策和程序。

陆军的披露授权书。在我们审查的两个陆军对外军售项目中，陆军尚未完成相应的披露授权书。国防部第5230.11号指令规定，披露授权书用于向下属司令部以及国防部承包商（如适用）提供披露指南。陆军第380-10号条例要求所有外国有可能参与的武器系统都要有技术评估与控制方案和披露授权书。陆军航空与导弹司令部相关人员表示，多管火箭系统没有披露授权书，是因为其他几个国家参与了该项目的初始开发。多管火箭系统是与其他4个国家一起开发和制造的合作项目。1979年7月，在相关指令和条例要求所有外国有可能参与的武器系统都要有技术评估控制方案和披露授权书之前，各参与国签署了一份合作项目谅解备忘录。根据该谅解备忘录，在发布多管火箭系统文件之前，需要获得参与国的批准。尽管在1979年7月并没有披露授权书或其他正式程序，但多管火箭系统项目办公室相关人员表示，他们已根据谅解备忘录获得了批准，而且在向客户发布信息之前已经考虑了所有要发布信息的敏感性。

陆军航空与导弹司令部相关人员表示，阿帕奇项目的披露授权书已经提交，很多国家对购买该系统感兴趣但一直未获得批准。然而，一个项目的简单性或复杂性并不能决定其是否需要准备披露授权书。国防部第5230.11号指令和陆军第380-10号条例要求，只要可能向外国公民披露技术数据，就必须有披露授权书。除了披露授权书，陆军没有就向外国公民发布技术数据向对外披露官提供做出合理决策所需的任何指导。此外，陆军没有遵守国防部第5230.11号指令和陆军第380-10号条例关于发布技术数据的要求。

项目管理审查。陆军航空与导弹司令部没有对以色列多管火箭系统的所有技术数据发布进行审查。陆军第380-10号条例要求各一级司令部指定一名对外披露官，行使该组织的披露权。此外，所有打算发布给外国公民的涉密和非涉密技术数据均应提交给对外披露官进行适当的审查和批准。尽管陆军航空与导弹司令部指定了一名对外披露官，但并非所有的技术数据发布都经过了对外披露官的审查和批准。多管火箭系统项目办公室对以色列公民进行了定期的项目管理审查，以评估项目的总体状态。在项目管理审查期间，以色列公民提交了有关项目交付与财政状况及系统配置管理与能力的问题。安全援助管理局将每页问题编号为一个行动项目，并以书面形式答复了以色列公民。然而，有些行动项目需要发布一些技术数据。而这些需要发布技术数据的行动项目并没有经过对外披露官的审查。

1997年11月，多管发射火箭系统项目办公室在项目管理审查过程中未经对外披露官审查和批准就发布了相关技术数据。对外披露官立即制定了相关程序，确保外国公民提交的所有需要发布相关技术数据的问题都要经过审查和批准。相关程序于1997年11月建立，但截至1998年4月，之前需要发布技术数据的行动项目都没有经过对外披露官的审查，因而无法确保在项目管理审查过程中相关技术数据没有被泄露。

海军的相关项目。在我们审查的两个海军对外军售项目中，海军有充分的控制措施审查向外国公民发布的所有技术数据。我们审查了法国购买E-2C飞机和西班牙购买“宙斯盾”（AEGIS）作战与武器系统两个项目。为配合对这两个项目的审查，我们访问了海军海洋系统司令部（Naval Sea Systems Command）、海军航空系统司令部（Naval Air Systems Command）、“宙斯盾”项目办公室和E-2C项目办公室。尽管海军没有为我们所审查的两个对外军售项目提供披露授权书，但它确实以手册的形式提供了可发布性指南，里面包含了披露授权书所要求的所有要素。例如，在西班牙购买“宙斯盾”项目的过程中，海军专门创建了一本可发布性手册，提供了与该系统及其子系统相关的具体指导，以及这些系统的哪些组件可以向西班牙公民发布。我们所审查的所有内容发布都符合国防部和海军发布技术数据的相关政策和程序。

空军的相关项目。空军没有充足的控制措施审查空中预警与控制系统（Airborne Warning and Control System）的相关技术数据。尽管空军为我们所审查的两个项目提供了非常充分的披露授权书，但空中预警与控制系统的相关技术数据在发布前没有经过指定披露机构的审查和批准。这是因为汉斯科姆空军基地电子系统中心的人员没有遵守空军第16-202号手册。我们审查了新加坡购买F-16飞机和日本购买空中预警与控制系统两个项目。为配合这些审查，我们访问了航空系统中心（Aeronautical Systems Center）、F-16项目办公室、汉斯科姆空军基地电子系统中心（Electronic Systems Center, Hanscom）以及向波音飞机公司派驻的一个办公室。

空军的披露授权书。空军为我们所审查的两个项目提供了充分的披露授权书。对于新加坡购买的F-16飞机，空军创建了一个专门针对新加坡购买该武器系统的披露授权书，就各种子系统的哪些要素可以向新加坡公民发布、哪些不可以发布提供了具体指导。在针对日本购买空中预警与控制系统的披露授权书中也包含了类似的细节。

汉斯科姆空军基地的相关发布。汉斯科姆空军基地电子系统中心在出售空中预警与控制系统时没有遵守发布该系统非涉密技术数据所应遵守的现有程序。空军第 16-202 号披露手册规定，所有涉密和非涉密技术资料在发布前必须由指定的披露机构进行审查和批准。汉斯科姆空军基地电子系统中心没有被授权发布空中预警与控制系统的相关涉密信息。但是，披露该项目非涉密技术数据的批准权限已经由电子系统中心派驻在波音公司的办公室转交给了汉斯科姆空军基地电子系统中心。1997 年 7 月签署的空中预警与控制系统对外披露权限的重新授权协议明确规定了允许谁行使披露权。此外，该协议还规定，被授权披露数据的个人必须是美国政府雇员，因为问责原因不能是承包商的雇员。但是，在向日本出售空中预警与控制系统的过程中，承包商的一名雇员获准发布相关技术数据，汉斯科姆空军基地的对外披露官每月向电子系统中心发送一份披露摘要，而波音公司没有进行任何独立的可发布性审查。指定的对外披露官仅在承包商不在的情况下进行技术数据审查。因此，汉斯科姆空军基地电子系统中心没有遵守空军第 16-202 号手册的要求，其所发布的信息没有经过对外披露官的批准。

（四）国防部政策的落实情况

在所审查的相关项目中，我们没有发现任何涉密或非涉密技术数据被泄露的情况；但是，国防部的政策没有得到实施，美国技术数据被泄露的风险很大。自苏联解体和冷战结束以来，国防部一直在重组和缩编。国防合同管理司令部无法再有效地执行对外披露官批准涉密和非涉密技术数据发布的职能。陆军和空军没有遵循现有程序来确保技术数据得到国防部第 2040.2 号和第 5230.11 号指令的保护。在国防开支减少的时代，一些国际军备合作项目正在成为开发和获取武器系统的可行方法，从而增加了外国申请涉密和非涉密数据的数量。然而，由于裁员，国防部越来越无法满足国防部第 2040.2 号和第 5230.11 号指令对技术转移相关发布工作的要求。因此，负责政策的国防部副部长需要评估如何在技术数据发布需求不断增加和国防部人员不断裁减与重组之间取得平衡。

（五）相关的建议、意见和审计响应

（1）我们建议负责政策的国防部副部长与各军种部、国防合同管理司令部及国防安全援助局一起建立一个过程行动小组，以确定在国防部缩编和重组的情况下实施当前技术转移政策的最有效机制。

（2）我们建议负责政策支持的国防部副部长助理与国防后勤局局长协作，

审查双方在 1991 年 1 月签署的协议备忘录，以确定在国防合同管理司令部人员减少的情况下备忘录的相关要求是否还能够继续执行。

负责政策的国防部副部长的意见。负责政策的国防部副部长没有对报告草案发表意见。我们请求他就相关建议发表意见，作为对最终报告的响应。

国防后勤局的意见。国防后勤局同意该建议，并表示支持成立过程行动小组，以便根据国防部的相关风险管理方法来完成对外技术转移计划。

（3）我们建议国防合同管理司令部驻洛克希德·马丁公司沃思堡分公司办事处负责人根据空军第 16-202 号手册的要求对发布给外国人的所有技术数据进行审查。

国防后勤局的意见。国防后勤局不同意该建议，称国防合同管理司令部驻洛克希德·马丁公司沃思堡分公司办事处的相关程序符合国防部和国防合同管理司令部的风险管理方法。国防后勤局进一步表示将按照第 2 条建议，通过过程行动小组重新评估国防合同管理司令部驻洛克希德·马丁公司沃思堡分公司办事处的在用程序。

审计响应。尽管国防后勤局不同意该建议，但它提议通过过程行动小组审查国防合同管理司令部驻洛克希德·马丁公司沃思堡分公司办事处的在用程序，这一提议符合该建议的目的。不需要进行进一步响应。

（4）我们建议美国陆军航空与导弹司令部指挥官：

a. 根据国防部第 5230.11 号指令和陆军第 380-10 号条例的要求，为多管火箭系统项目和阿帕奇项目制定披露授权书；

b. 对之前在项目管理审查过程中发布的相关信息进行审查，以确定以色列多管火箭系统的相关技术数据是不是不能发布。

陆军的相关意见。陆军同意该建议，表示将为当前和未来的对外军售案例准备披露授权书。陆军还指出，初步研究表明，项目管理办公室的相关系统专家已经对之前为响应项目管理审查而向以色列发布的所有技术信息的可发布性进行了审查。陆军已开始采取行动，让对外披露官对以色列所有涉及技术信息的行动进行审查，以重新评估数据的可发布性。此次审查预计于 1999 年 1 月 1 日完成。

（5）我们建议汉斯科姆空军基地电子系统中心指挥官强制执行空军第 16-202 号手册提出的由美国政府雇员在该机构履行对外披露职能的要求。

空军的相关意见。空军没有对报告草稿发表意见。因此，我们要求空军提供关于该建议的意见，作为对最终报告的响应。

第二部分 补充信息

一、附录A 审计过程(略)

二、附录B 其他利益事项(略)

三、附录C 各军种和国防合同管理司令部技术转移架构

各军种均有责任落实好国防部指令 2040.2 和 5230.11。除去共同要求外,不同军种在政策落实的责任有所不同,具体如下:

陆军——陆军技术转移部门是各军种中最为松散的。负责情报的副参谋长(Deputy Chief of Staff for Intelligence)是信息披露工作的负责人,只有其具备审批权,可允许陆军官方技术数据向国外人员或机构公开。陆军安全援助司令部(Army Security Assistance Command)下属的国际工业合作办公室(Office for International Industrial Cooperation)负责初步处理陆军出口许可请求和军火或军民两用产品相关许可。该办公室还负责提供国际合作生产协议。除此之外,负责国际事务的陆军部副部长(Deputy Under Secretary of the Army)负责制定陆军国际项目相关政策。

海军——海军技术转移机构相关事务集中于海军国际项目办公室(Navy International Programs Office)。该办公室是负责实施海军国际项目的主管部门,涉及国外信息披露、国际技术转移和安全协助。海军国际项目办公室由负责研发和采购的海军部助理部长(Assistant Secretary of the Navy)直接管理,负责落实具体工作。披露的内容包括文件、许可和参访。相关事务均由技术安全局(Technology Security Directorate)负责处理。特殊问题或政治敏感申请将提交给上级主管部门处理。

技术转移和安全援助审查委员会(Technology Transfer and Security Assistance Review Board)代表海军处理海军系统出口相关事务。该委员会确定销售申请之前的海军销售发布政策。委员会实行双重负责制,两位主席分别为海军部助理部长(主管研发和采购)和海军作战副部长(Vice Chief of Naval Operations)。委员会委员包括海军各部门代表。委员会执行主席是海军国际项目办公室主任。

空军——空军技术转移部门由负责国际事务的空军部副部长(Office of the Deputy Under Secretary of the Air Force)办公室集中负责。信息披露处(Disclosure Division）是信息披露工作主管部门。该处在空军部授权下负责开展技术数据信息披露和保护工作。信息披露处还负责处理军火许可申请。

国防合同管理司令部——国防合同管理司令部未设有处理技术转移事务的相关部门。各军种授权指定对外披露官处理信息披露工作时，该司令部才会处理相关工作。根据1991年负责政策支持的国防部副部长助理和国防后勤局协议备忘录，国防合同管理司令部会在每个合同部门中指定一位对外披露官。合同部门要求具备一名对外披露官，确保所有信息披露工作由合同部门披露官落实，且相关披露工作需符合涉及军种对外信息披露办公室制定的书面指南文件。

四、附录D问卷调查结果（略）

第三部分　管理层意见建议（略）

参考文献

[1] ALBON C. Pentagon should expand defense innovation unit's role, experts say [EB/OL]. [2023-04-12]. https://www.defensenews.com/battlefield-tech/2023/04/12/pentagon-should-expand-defense-inno vation-units-role-experts-say/.

[2] ALBON C. Pentagon strategy urges faster tech transition, more collaboration [EB/OL]. [2023-05-09]. https://www.defensenews.com/battlefield-tech/2023/05/09/pentagon-strategy-urges-faster-tech-transition-more-collaboration/.

[3] SCHACHTW H. Small business innovation research (SBIR) program [R]. Washington: U. S. Small Business Administration (SBA), 2010.

[4] SCHACHTW H. Small business technology transfer program [R]. Washington: Small Business Administration Office of Investment and Innovation, 2010.

[5] HARDING E, GHOORHOO H. Seven critical technologies for winning the next war [R]. Washington: The Centre for Strategic and International Studies, 2023, 04.

[6] The Library of Congress. Technology transfer: The use of government laboratories and federally funded research and development [EB/OL]. [2017-06-10]. https://www.1oc.gov/rr/scitech/tracer-bullets/techtrantb.html.

[7] STTR: An Assessment of the Small Business Technology Transfer Program [EB/OL]. http://www.nap.edu/catalog/21826/sttr-an-as sessment-of-the-small-business-technology-transfer-program.

[8] 卜昕，邓婷，张兰兰，等．美国大学技术转移简介［M］．西安：西安电子科技大学出版社，2014.

[9] 蔡天恒．加速采办！美军重启并扩大冷战产物：“其他交易授权”的使用［EB/OL］．[2019-09-18]. https://www.sohu.com/a/341657046_613206.

[10] 程享明，冯云皓，蔡文君．英国国防部新版《科学与技术战略》报告评析［EB/OL］．[2019-04-11]. https://www.sohu.com/a/307464147802190.

[11] 程享明，谢冰峰．英国推动装备建设军民融合的主要做法［J］．国防，2014（5）：7-9.

[12] 从 Kratos 公司项目谈美无人机技术发展趋势［EB/OL］．[2022-04-19]. https://www.360kuai.com/pc/92317a2a1254f89c5?cota=3&kuai_so=1&sign=360_57c3bbd1&refer_scene=so.

[13] 董洁．日本科技成果转化体系研究与思考［C］．北京：2019 年北京科学技术情报学会学术年会：“科技情报创新缔造发展新动能”论坛，2019：34-42.

[14] 杜兰英．发达国家军民融合的经验与启示［J］．科技进步与对策，2011（23）：132-136.
[15] 杜人淮．俄罗斯国防工业发展的军民融合战略［J］．海外投资与出口信贷，2019（3）：22-26.
[16] 杜人淮．日本国防工业发展的寓军于民策略［J］．东北亚经济研究，2020（8）：46-55.
[17] 杜颖，章凯业．俄罗斯国防工业军转民介评及启示［J］．科技与法律，2015（5）：1038-1055.
[18] 斯坦帕诺夫·瓦伦丁．俄罗斯国防工业的军转民、存在问题与展望：俄罗斯工业科学技术部国防联合处副处长斯坦帕诺夫·瓦伦丁在东盟地区论坛军转民合作研讨会上发言［J］．中国军转民，2000（8）：14-16.
[19] 范肇臻．俄罗斯国防工业“军转民”政策视角研究［J］．边疆经济与文化，2012（4）：10-11.
[20] 范肇臻．俄罗斯国防工业“寓军于民”实践及对我国的启示［J］．东北亚论坛，2011（1）：86-93.
[21] 冯德朝．俄罗斯防务装备研发及采办管理体制改革［J］．船舶标准化与质量，2016（6）：44-45，68.
[22] 冯媛．军民融合战略下的国防知识产权制度研究：基于国内外比较分析［J］．中国科技论坛，2016（7）：148-153.
[23] 奉薇．日本发布新版国防顶层规划文件［EB/OL］．［2019-5-24］．https://mil. ifeng. com/c/7mriFppZzTl.
[24] 傅光平．以国际视野看军民融合发展Ⅱ［EB/OL］．［2019-4-16］．https://www. sohu. com/a/308234468_760770.
[25] 谷贤林，李乐平．美国《无尽的前沿法》议案解析［J］．世界教育信息，2022（4）：19-26.
[26] 顾伟．俄罗斯军民融合法规建设的特点及启示［J］．军事经济研究，2014（2）：55-58.
[27] 国务院发展研究中心“军民融合产业发展政策研究”课题组．美国推进国防科技工业军民融合发展的经验与启示［J］．发展研究，2019（2）：14-18.
[28] 海运，李静杰，友谊．叶利钦时代的俄罗斯·军事卷［M］．北京：人民出版社，2001.
[29] 何隽．关于国防知识产权的若干思考［J］．科技管理研究，2018（10）：160-164.
[30] 胡冬云．美国科技政策中“其他交易授权”及其评价研究［J］．全球科技经济瞭望，2009（4）：59-63.
[31] 胡雅芸，张代平，李宇华．2020年度日本国防科技管理综述［OL/OB］．［2021-05-24］．https://www. sohu. com/a/468228004_635792.
[32] 胡正洋，赵炳楠．一文看懂美国军民融合发展历程及经验［EB/OL］．［2018-12-

11]. https://www. douban. com/group/topic/129412082/? _i=0311920yJQeo6v.
[33] 胡智慧，李宏．主要国家的技术转移政策及支持计划［J］．高科技与产业化，2013 (3)：49-52.
[34] 胡智慧．国外技术转移政策体系研究［J］．科技政策与发展战略，2012（4）：1-3.
[35] 集成 AI 大脑的美国 UTAP-22“灰鲭鲨”无人机试飞［EB/OL］．［2021-05-14］．http://mil. news. sina. com. cn/blog/2021-05-14/doc-ikmxzfmm2463293. shtml.
[36] 李洁，张代平．俄罗斯推动装备建设军民融合的主要做法［J］．国防，2014（05）：4-6.
[37] 李萍，淦述荣，周子彦．NASA 的技术转移体系及其启示［J］．航天工业管理，2015 (6)：36-41.
[38] 李希义．美国政府支持小企业技术转移的经验［C］．贵阳：2011 年技术转移与成果转化暨沿海区域科技管理学术交流会，2011：11-16.
[39] 李云．美俄欧航天军民商融合发展思路与措施研究［J］．卫星应用，2016（9）：13-18.
[40] 李泽红，吕东，王中霞．中外军工企业集团知识产权管理模式比较研究［J］．国防科技，2010，31（5）：40-44.
[41] 李志军．透视英国技术集团的技术转移［J］．新经济导刊，2003（11）：76-80.
[42] 林耕．美国技术转移立法给我们的启示［J］．中国科技论坛，2005（4）：141-145.
[43] 林源．美发布新版“国防科技战略”［EB/OL］．［2023-05-22］．https://www. 163. com/dy/article/I5B5312F0511DV4H. html.
[44] 刘俊彪．“藏军于民”的日本国防工业发展模式［J］．军事文摘，2020（3）：53-57.
[45] 刘民义．制度和体系：美国推动技术转移成果转化的考察和启示［J］．科技成果管理与研究，2010（2）：13-16.
[46] 刘忆宁，张永安，于海涛．俄罗斯国防科技与武器装备采办管理的几个问题［J］．外国军事学术，2003（9）：67-69.
[47] 吕景舜，赵中华，李志阳．国外军民协同创新与技术转移措施研究［J］．卫星应用，2016（7）：26-32.
[48] 吕强，梁栋国，赵月白．美国、欧盟、俄罗斯采取措施加强国防基础科研［J］．国防，2013（12）：73-75.
[49] 马杰．日本国防科技工业管理体制和运行机制［J］．国防科技工业，2008（8）：51-54.
[50] 马婧，赵超阳．2020 年俄罗斯国防科技管理领域发展综述［EB/OL］．［2021-02-20］．https://www. 163. com/dy/article/G39E5FH10515E1BM. html.
[51] 马名杰，龙海波．美国推进国防科技工业军民融合发展的经验与启示［J］．发展研究，2019（2）：15-19.
[52] 马名杰．美国建立国防技术转移体系的做法及启示［J］．国防科技工业，2007（5）：66-69.

[53] 每日动态：人工智能监管原则/小企业技术转移计划/俄新武器清单［EB/OL］.［2020-01-14］. https://www. sohu. com/a/366791959_635792.

[54] 美国防部制定研发投资计划刺激前沿技术研究［EB/OL］.［2015-03-03］. https://news. sina. com. cn/o/2015-03-03/143431562279. shtml.

[55] 美国最具代表性四大科研机构科技成果转化模式分析［EB/OL］.［2018-07-13］. https://www. sohu. com/a/244136145_465915.

[56] 门宝．美国陆军研究实验室和布朗大学开展军用电池延寿技术研究［EB/OL］.［2017-08-15］. https://www. sohu. com/a/164642042_313834.

[57] 明日．日本国防与两用技术研究开发（下）［J］. 国防科技（北京），2001（5）：23-25.

[58] 明日．日本国防与两用技术研究开发（中）［J］. 国防科技（北京），2001（4）：24-26.

[59] 莫迪访美期间，拟敲定“关键技术转让协议”［EB/OL］.［2023-06-20］. https://www. 163. com/dy/article/I7N1IR7705530TTU_pdya11y. html.

[60] 莫唯，陈华钊．欧洲典型技术转移机构运行模式及启示［J］. 科技创新发展战略研究，2023（7）：28-37.

[61] 牛萌．俄罗斯“组成统一工艺的智力活动成果利用权”制度［J］. 科技与法律，2015（6）：114-156.

[62] 彭春丽．英国航空航天产业军民融合实践与启示［J］. 中国军转民，2013（10）：64-67.

[63] 彭奕云．法国将设立面向中小企业的国防创新基金［EB/OL］.［2017-09-08］. https://www. 163. com/news/article/CTQJUB49000187VE. html.

[64] 曲晶．俄罗斯商业航天发射现状及其前景［J］. 国际太空，2008（1）：30-34.

[65] 马岭．我国现行宪法中的军事权规范［J］. 上海政法学院学报（法治论丛），2011（2）：7-21.

[66] 申畯，哈悦，陈皓，等．国外国防技术转移现状研究［J］. 军民两用技术与产品，2014（6）：8-12.

[67] 申淼．DARPA“西格玛”项目开始应用转化以保护美国大都市［EB/OL］.［2020-09-17］. https://www. sohu. com/a/418996710_635792.

[68] 沈锦璐．美国第三代工程研究中心：发展历程、运行模式与经验启示：以 CBiRC、RMB 项目为例［J］. 重庆高教研究，2023，(04)：93-107.

[69] 沈梓鑫．美国在颠覆式创新中如何跨越“死亡之谷”?［J］. 财经问题研究，2018（5）：92-100.

[70] 史伟国．全球高分辨率商业遥感卫星的现状与发展［J］. 卫星应用，2012（3）：45-52.

[71] 宋文文．日本推动军民两用技术转移的主要做法及启示［J］. 军民两用技术与产品，

2018 (6): 53-57.

[72] 孙长雄. 借鉴俄罗斯创新经验 提升黑龙江省自主创新能力 [J]. 西伯利亚研究, 2010 (5): 15-18.

[73] 汤珊红, 曹宽增, 秦利, 等. 英国国防科技信息管理体制和保障体系研究 [J]. 情报理论与实践, 2006 (4): 508-512.

[74] 田正, 刘飞云. 日本国防科技工业发展态势分析 [J]. 经济研究导刊, 2022 (16): 76-78.

[75] 通用汽车与 GVSC 签署合作研发协议致力于提升汽车网络安全 [EB/OL]. [2019-10-16]. https://www.xianjichina.com/special/detail_424063.html.

[76] 推进国防科技管理创新变革, 深化军事战略竞争 [OL/OB]. [2022-06-13]. https://baijiahao.baidu.com/s?id=1735461223547044124&wfr=spider&for=pc.

[77] 王曾荣. 英国 90 年代科学技术的新战略和政策 [J]. 科技政策与管理, 1993 (11): 1-6.

[78] 王加栋, 白素霞. 美俄航空工业军民融合发展战略及其对我国的启示 [J]. 工业技术经济, 2009 (2): 41-45.

[79] 王丽顺, 张代顺. 英国国防技术转移管理的现状及特点 [J]. 国防科技工业, 2012 (12): 44-45.

[80] 王琦. 国外军转民的政策措施简介 [J]. 军民两用技术与产品, 1993 (4): 4-6.

[81] 王冉. 美国陆军研究实验室水基锂离子电池取得突破性进展 [EB/OL]. [2019-06-03]. https://www.sohu.com/a/318330462_313834.

[82] 王伟. 俄罗斯国防工业"军转民"的经验和教训 [J]. 中国军转民, 2006 (8): 74-77.

[83] 王雪莹. 美国国家实验室技术转移联盟的经验与启示 [J]. 科技中国, 2018 (11): 17-19.

[84] 魏博宇. 日本国防工业发展特点 [J]. 现代军事, 2016 (8): 104-108.

[85] 文雯, 张刚, 叶昕. 从美军 DARPA 思考我国航天事业创新发展 [C]. 南京: 第八届中国卫星导航学术年会论文集: S12 政策法规、标准化及知识产权, 2017: 25-31.

[86] 吴寿仁. 国内各类文件对技术转移定义的解析 [EB/OL]. [2022-05-16]. https://www.1633.com/article/67754.html.

[87] 许源景, 晨思. 美国 NASA 技术转移成果发布情况研究 [J]. 军民两用技术与产品, 2014 (10): 14-16.

[88] 闫哲, 穆玉苹. 美国防部研究与工程副部长阐述国防科技重点工作 [EB/OL]. [2022-07-22]. https://m.163.com/dy/article/HCTEH4U10515E3KM.html.

[89] 闫哲, 孙兴村, 白旭尧. 美国防部增加"其他交易授权"的使用 [EB/OL]. [2020-04-11]. https://ishare.ifeng.com/c/s/7vatqG1LzXs.

[90] 晏湘涛, 闫宏, 匡兴华. 技术再投资计划: 美国军民两用技术计划的形成与完善

[C]. 南京：第8届全国青年管理科学与系统科学学术会议论文集，2005：151-157.
[91] 晏湘涛，闫宏，匡兴华．美国技术再投资计划的运作和启示 [J]. 军民两用技术与产品，2005 (9)：4-6.
[92] 燕志琴，刘瑜，杨超，等．美国国防部技术转化计划的管理及启示 [J]. 科技导报，2021 (22)：19-27.
[93] 杨芳娟．颠覆性技术创新项目的组织实施与管理：基于 DARPA 的分析 [J]. 科学学研究，2019 (8)：101-110.
[94] 杨贵彬．国防科技工业寓军于民的目标与实现模式研究 [D]. 哈尔滨：哈尔滨工程大学，2007.
[95] 杨继明．麻省理工大学与清华大学技术转移做法比较研究及启示 [J]. 中国科技论坛，2010 (1)：149-153.
[96] 杨尚洪，李斌，王然，等．美国国防领域知识产权管理与技术转移的做法与启示 [J]. 中国科技论坛，2017 (4)：186-192.
[97] 叶选挺．美国推动军民融合的发展模式及对我国的启示 [J]. 国防技术基础，2007 (4)：36，45-48.
[98] 易继明．美国国防领域知识产权的管理模式 [J]. 社会科学家，2018 (6)：11-20.
[99] 英国防部启动未来固定翼飞机研究 [EB/OL]. [2022-12-21]. https://www.360kuai.com/pc/97c21ca1ed24934ea? cota=3&kuai_so=1&sign=360_57c3bbd1&refer_scene=so_1.
[100] 张兵．国际军民融合发展模式研究及对中国的启示 [J]. 经济研究导刊，2020 (13)：186-189.
[101] 张代平，卢胜军，魏俊峰，等．2019年世界主要国家国防科技管理的若干战略举措与动向 [EB/OL]. [2020-01-07]. https://www.sohu.com/a/365233037_635792.
[102] 张丹凤，宋元．美国的科技成果管理研究及对我国的启示 [J]. 国土资源情报，2008 (5)：21-25.
[103] 张慧．浅析俄罗斯国防工业创新发展 [EB/OL]. [2018-11-9]. https://www.sohu.com/a/274217806_358040.
[104] 张连超．英国军工技术转移的效益与途径 [J]. 技术经济信息，1991 (10)：39-40.
[105] 张秋，岳萍．俄罗斯科技成果转化服务模式及对新疆的启示 [J]. 科技与创新，2020 (19)：142-143，149.
[106] 张晓东．日本大学及国立研究机构的技术转移 [J]. 中国发明与专利，2010 (1)：100-103.
[107] 张洋．印度国防部发布第三份积极本土化清单同时向工业界再转让21项技术 [EB/OL]. [2022-04-19]. https://www.360kuai.com/pc/94e1b864f1f937963? cota=3&kuai_so=1&sign=360_57c3bbd1&refer_scene=so_1.

[108] 张嵎喆．自主创新成果产业化的内涵和国外实践［J］．经济理论与经济管理，2010（5）：61-66.
[109] 赵辉．美国联邦机构技术转移机制初探［J］．全球科技经济嘹望，2017（10）：21-28.
[110] 赵志耘．重视科技信息工作，促进军民深度融合［J］．情报工程，2017（4）：5-15.
[111] 钟书华．促进政府资助的科技成果有序进入市场［J］．国家治理，2021（73）：52-55.